뉴 노멀^{New normal} 이란?

전 세계는 코로나19 전과 후로 나뉜다고 해도 누구나 인정할 만큼 사람들의 생각은 많이 변했다. 이제 코로나 바이러스가 전 세계로 퍼진 상황과 코로나 바이러스를 극복하는 인간의 과정을 새로운 일상으로 받아들여야 하는 뉴 노멀^{New normal} 시대가 왔다.

'뉴 노멀^{New normal}'이란 시대 변화에 따라 과거의 표준이 더 통하지 않고 새로운 가치 표준이 세상의 변화를 주도하는 상태를 뜻하는 단어이다. 2008년 글로벌 금융위기를 겪으면서 세계 최대 채권 운용회사 핌코^{PIMCO}의 최고 경영자 모하마드 엘 에리언^{Mohamed A. El-Erian}이 그의 저서 '새로운 부의 탄생^{When Markets Collide}'에서 저성장, 규제 강화, 소비 위축, 미국 시장의 영향력 감소 등을 위기 이후의 '뉴 노멀^{New normal}' 현상으로 지목하면서 사람들에게 알려졌다.

코로나19는 소비와 생산을 비롯한 모든 경제방식과 사람들의 인식을 재구성하고 있다. 사람 간 접촉을 최소화하는 비 대면을 뜻하는 단어인 언택트^{Untact} 문화가 확산하면서 기업, 교육, 의료 업계는 비대면 온라인 서비스를 도입하면서 IT 산업이 급부상하고 있다. 바이러스가 사람간의 접촉을 통해 이루어지므로 사람간의 이동이 제한되면서 항공과 여행은 급제동이 걸리면서 해외로의 이동은 거의 제한되지만 국내 여행을 하면서 스트레스를 풀기도 한다.

소비의 개인화 추세에 따른 제품과 서비스 개발, 협업의 툴, 화상 회의, 넷플릭스 같은 홈 콘텐츠가 우리에게 다가오고 있으며, 문화산업에서도 온라인 콘텐츠 서비스가 성장하고 있다. 기업뿐만 아니라 삶을 살아가는 우리도 언택트^{Untact}에 맞춘 서비스를 활성화하고 뉴 노멀^{New normal} 시대에 대비할 필요가 있다.

흑사병이 창궐하면서 교회의 힘이 약화되면서 중세는 끝이 나고, 르네상스를 주도했던 두 도시, 시에나(왼쪽)와 피렌체(오른쪽)의 경쟁은 피렌체의 승리로 끝이 났다. 뉴 노멀 시대가 도래하면 새로운 시대에 누가 빨리 적응하느냐에 따라 운명을 가르게 된다.

뉴 노멀(New Normal) 여행

뉴 노멀New Normal 시대를 맞이하여 코로나 19이후 여행이 없어지는 일은 없지만 새로운 여행 트랜드가 나타나 우리의 여행을 바꿀 것이다. 그렇다면 어떤 여행의 형태가 우리에게 다가올 것인가? 생각해 보자.

1. 장기간의 여행이 가능해진다.

바이러스가 퍼지는 것을 막기 위해 재택근무를 할 수 밖에 없는 상황에 기업들은 재택근무를 대규모로 실시했다. 그리고 필요한 분야에서 가능하다는 사실을 알게 되었다. 재택근무가 가능해진다면 근무방식이 유연해질 수 있다. 미국의 실리콘밸리에서는 필요한 분야에서 오랜 시간 떨어져서 일하면서 근무 장소를 태평양 건너 동남아시아의 발리나 치앙마이에서 일하는 사람들도 있다.

이들은 '한 달 살기'라는 장기간의 여행을 하면서 자신이 원하는 대로 일하고 여행도 한다. 또한 동남아시아는 저렴한 물가와 임대가 가능하여 의식주가 저렴하게 해결할 수 있다. 실리콘밸리의 높은 주거 렌트 비용으로 고통을 받지 않지 않는 새로운 방법이 되기도 했다.

2, 자동차 여행으로 떨어져 이동한다.

유럽 여행을 한다면 대한민국에서 유럽까지 비행기를 통해 이동하게 된다. 유럽 내에서는 기차와 버스를 이용해 여행 도시로 이동하는 경우가 대부분이었지만 공항에서 차량을 렌트하여 도시와 도시를 이동하면서 여행하는 것이 더 안전하게 된다.

자동차여행은 쉽게 어디로든 이동할 수 있고 렌터카 비용도 기차보다 저렴하다. 기간이 길면 길수록, 3인 이상일수록 렌터카 비용은 저렴해져 기차나 버스보다 교통비용이 저렴해진다. 가족여행이나 친구간의 여행은 자동차로 여행하는 것이 더 저렴하고 안전하다.

3. 소도시 여행

여행이 귀한 시절에는 유럽 여행을 떠나면 언제 다시 유럽으로 올지 모르기 때문에 한 번에 유럽 전체를 한 달 이상의 기간으로 떠나 여행루트도 촘촘하게 만들고 비용도 저렴하도록 숙소도 호스텔에서 지내는 것이 일반적이었다. 하지만 여행을 떠나는 빈도가 늘어나면서 유럽을 한 번만 여행하고 모든 것을 다 보고 오겠다는 생각은 달라졌다.

유럽을 여행한다면 유럽의 다양한 음식과 문화를 느껴보기 위해 소도시 여행이 활성화되고 있었는데 뉴 노멀New Normal 시대가 시작한다면 사람들은 대도시보다는 소도시 여행을 선호할 것이다. 특히 유럽은 동유럽의 소도시로 떠나는 여행자가 증가하고 있었다. 그 현상은 앞으로 증가세가 높을 가능성이 있다.

4. 호캉스를 즐긴다.

타이완이나 동남아시아로 여행을 떠나는 방식도 좋은 호텔이나 리조트로 떠나고 맛있는 음식을 먹고 나이트 라이프를 즐기는 방식으로 달라지고 있었다. 이런 여행을 '호캉스'라고 부르면서 젊은 여행자들이 짧은 기간 동안 여행지에서 즐기는 방식으로 시작했지만 이제는 세대에 구분 없이 호캉스를 즐기고 있다.

코로나 바이러스로 인해 많은 관광지를 다 보고 돌아오는 여행이 아닌 가고 싶은 관광지와 맛좋은 음식도 중요하다. 이와 더불어 숙소에서 잠만 자고 나오는 것이 아닌 많은 것을 즐길 수 있는 호텔이나 리조트에 머무는 시간이 길어졌다. 심지어는 리조트에서만 3~4일을 머물다가 돌아오기도 한다.

태국 남부 사계절

태국 남부는 1년 내내 평균 기온이 22~34도를 웃도는 고온 다습한 열대 기후이며, 봄, 여름, 가을, 겨울로 나뉘지 않고, 우기와 건기로 계절을 나눈다. 4계절이 있는 우리와 계절의 개념이 조금 다르다. 적도 근처에 있어서 1년 내내 더운 것은 사실이다.

우기는 5~10월, 건기는 11~4월까지로 여행 성수기는 건기다. 태국 남부의 야외 활동은 건기인 12~3월 사이가 가장 좋다. 우기라고 해서 종일 비가 오는 것이 아니라 소나기(스콜)가 한 두 차례 몰고 가는 것이라 여행이 힘든 것은 아니다. 최대 성수기는 11~2월인데 방학과 유럽인들의 휴가 시즌이기 때문이다. 12월 성수기를 기점으로 숙소가격이 많이 오른다.

푸켓 사계절

비가 내리지 않는 11월~3월의 건기에 방문한다면, 비는 크게 신경 쓰지 않아도 될 정도로 날씨가 좋아서 따사로운 햇살이 항상 관광객을 기다리고 있다.

우기인 5월~10월은 주로 늦은 오후에 비가 내리기 때문에 물놀이를 하는 데는 큰 지장이 없다. 푸켓은 뜨거운 여름날 해변에서 시간을 보내거나 카페에 앉아 시원한 음료수를 마시기에 좋은 휴양지이다.

Intro

태국을 처음 방문한 게 10년 전이다. 낮에는 방콕 카오산 로드의 호스텔에서 만난 친구들과 왕궁, 에메랄드 사원, 수꿈빗, 수상 시장을 호기심 가득한 눈으로 돌아다니고, 저녁이 오면 카오산 로드 길거리에서 창 맥주를 마시며 푸켓, 끄라비, 코 팡안, 풀문 파티 등 태국 남부의 아름다운 해변에 관해 이야기로 밤을 지새웠다. 태국에서 머무를 수 있는 시간이 넉넉하지가 않은 나는, 다음에 꼭 기회가 된다면 방문해야지 하는 다짐만 하고 한국으로 돌아올 수밖에 없었다.

여행 후 한국의 일상이 시작되고, 태국 남부는 내 기억 속에서 점점 희미해져 갔다.
몇 년 후 회사를 옮기느라 얼마간의 시간이 주어져서 무엇을 할까 고민하다가, 태국 남부

의 아름다운 해변에 대한 기억이 떠올라 바로 배낭을 꾸리고 '더 비치'에 나온 환상의 피피섬을 목적지를 정하고 떠났다. 역시 피피섬 여행은 한 번도 본 적 없는 환상적인 풍경으로 나를 맞아주었고, 나는 며칠을 머무르면서 최대한 그 상황에 내 몸을 맡겼다.

하지만, 여행이란 게 항상 좋을 수는 없는 법. 버스표를 사기당해서 환승지에서 혼자 덜렁 남아야 했고, 피피섬에서 푸켓으로 나오는 배표도 가짜여서, 배를 타기 위해 한참을 실랑이했던 기억이 어제 일처럼 선명하다.

이제는 나와 같은 실수를 다른 사람들은 하지 말게 하라는 계시인지, 여행 중 귀한 인연을 만나서 다른 마음가짐으로 다시 푸켓으로 가게 되었다.
여행과는 사뭇 다른 느낌으로 마주한 푸켓은 나에게 더욱더 다양한 모습으로 다가오는 듯 했다. 모든 여행 스타일을 고려해야 하므로 기존에 내가 가지고 있는 여행 스타일보다는 엄청 다채로운 경험을 일부러라도 했다. 골목 하나하나, 관광지 하나하나 빠짐없이 방문하여 최대한 있는 그대로를 보고, 기록하기 위해 쉼 없이 걷고 또 걸었다.

우기라 걱정을 많이 했는데, 다행히 날씨는 나의 편이었다. 비가 안 오는 시간에 맞춰, 걸어서 갈 수 없는 곳은, 오토바이를 빌려 푸켓 구석구석을 다녔던 기억이 아직도 새록새록하다. 이런 기회가 아니었으면 내가 그렇게까지 푸켓을 여행해 봤을까 하는 마음이 든다.

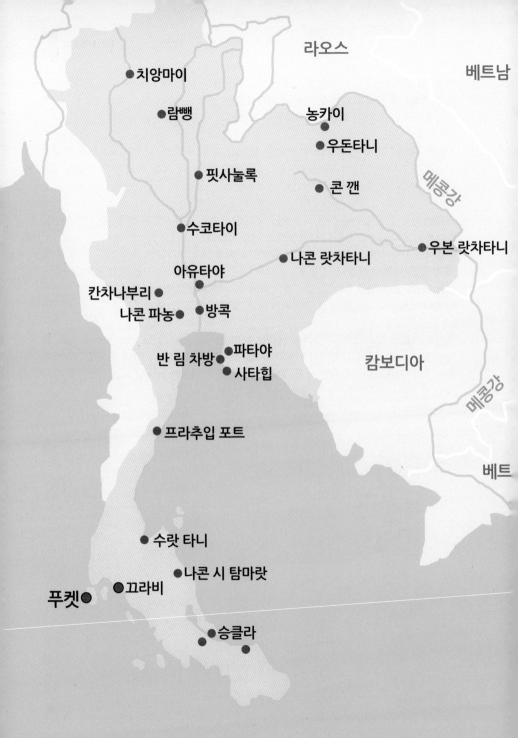

라오스

베트남

치앙마이

람빵

농카이

우돈타니

핏사눌록

콘 깬

메콩강

수코타이

나콘 랏차타니

우본 랏차타니

아유타야

칸차나부리

나콘 파농

방콕

반 림 차방

파타야

사타힙

캄보디아

메콩강

프라추입 포트

베트

수랏 타니

나콘 시 탐마랏

푸켓

끄라비

승클라

한눈에 보는 태국

서쪽으로는 미얀마, 동쪽으로는 캄보디아, 라오스, 남쪽으로는 말레이시아와 국경을 맞대고 있다. 남쪽은 안다만 해와 동쪽은 타이만 해를 끼고 있다.

▶**국명** | 태국왕국
▶**인구** | 약 6천 2백만 명
▶**면적** | 약 5,131만 2천ha (한반도의 약 2.3배)
▶**수도** | 방콕
▶**종교** | 불교(95%), 이슬람교(4%), 기독교(1%)
▶**화폐** | 밧(B)
▶**언어** | 타어어(공용), 중국어, 말레이어

태국 국기는 삼색기라는 뜻의 "트라이롱"이라고 불린다. 빨강은 국민을, 하얀색은 건국 전설과 관계있는 흰 코끼리 즉 불교를 의미하고, 파란색은 국왕을 의미한다. 1917년 라마 6세 때부터 태국 국기로 사용해 왔다.

태국인

태국 국민 다수를 이루는 타이족 이외에 말레이인, 중국 운남성에서 이주해온 화교로 구성되어 있다. 북부에는 중국 운남성 지방에서 이동해온 화교로 구성되어 있고, 남쪽으로 내려갈수록 말레이인, 크메르인, 몬족간의 혼혈이 많다. 동남아시아 중심부에 자리 잡고 있어서 다양한 인종들로 이루어져 있다.

Contents

>> 태국 남부 여행에 꼭 필요한 Info

>> 태국 남부 한 달 살기   94~115

솔직한 한 달 살기
떠나기 전에 자신에게 물어보자!
세부적으로 확인할 사항
한 달 살기는 삶의 미니멀리즘이다.
태국 남부 한 달 살기 비용
한 달 살기 대중화
또 하나의 공간, 새로운 삶을 향한 한 달 살기

About 태국

불교의 나라

태국은 어디를 가나 불교 사원을 쉽게 볼 수 있다. 공항에 도착하면 제일 눈에 띄는 것이 불교 동상일 정도로 불교는 태국에 지대한 영향을 끼치고 있다. 국민의 95%가 불교 신자일 정도로 불교는 종교 그 자체이다.
우리나라에서는 쉽게 볼 수 없지만, 아침 일찍 거리를 거닐다 보면 맨발의 스님들이 공양 받는 광경이나, 스님 앞에서 무릎을 꿇고 합장하는 장면을 쉽게 볼 수 있다.

미소의 나라

태국에 도착하자마자 느끼는 건 사람들이 참 순박하다는 것이다. 단순히 관광객들을 비즈니스 상대로 대해서 나오는 그런 미소가 아니다. 그렇게 따듯하고 정감 있는 미소를 항상 짓는 것은 쉽지 않은 일이다.

불교의 교리에 따라 자비를 베풀면서 살아서 그런다는 이야기도 있고, 풍요로운 자연환경으로 먹을거리 걱정이 없어서 한없이 여유로운 미소를 짓고 있다는 이야기도 있다. 각양각색 다양한 이유만큼 다양한 미소를 가진 나라가 태국이다.

음식의 나라

세계 3대 수프 중 하나인 똠얌꿍을 가진 나라답게, 태국은 어디 가나 다양하고 맛있는 음식으로 넘쳐난다. 태국 여행을 하면서 음식이 안 맞아서 여행을 못 했다는 사람을 만난 적이 없을 정도이니 말이다.

일 년 내내 열리는 열대과일, 1년에 4모작으로 넘쳐나는 쌀, 따뜻한 바다에서 잡히는 풍부한 해산물. 이 모든 재료가 풍요로운 태국 음식으로 거듭난다. 여행자들의 가벼운 주머니 사정을 생각하면 태국 음식은 축복 그 자체이다.

관광의 나라

단지 물가가 싸다고 해서 사람들은 여행지로 정하지 않는다. 여행에는 각자가 생각하는 목적과 조건이 있다. 태국은 그 조건과 목적에 많은 부분이 부합된다.
지형적으로는 치앙마이와 같은 산악 지역에서부터 에메랄드빛 바다가 있는 남부 해안지역이 있어서 다양한 경험을 가능하게 하고, 문화적으로는 불교, 이슬람 문화, 힌두교 문화, 말레이 문화가 다양하게 혼합되어 있어서, 다양한 볼거리를 제공하고, 관광을 주요 산업으로 생각해서 관광객들 대상 범죄에 대단히 단호하다. 이런 나라를 그냥 지나치기는 쉽지 않다.

자유의 나라

태국의 정식 국호는 태국어로 쁘라텟타이(태국어: ประเทศไทย → 자유의 땅)이다. 이 말과 같이 태국은 동남아시아에서 유일하게 열강의 식민지를 겪지 않는 나라이다. 19세기 영국과 프랑스의 압박에 굴하지 않고, 훌륭한 지도자의 혜안과 노력으로 꿋꿋하게 나라를 지켜왔다. 이런 역사적인 과정을 태국인들은 굉장히 자랑스럽게 생각한다. 식민지가 되지 않아 지금까지 선조들이 물려준 고유의 문화를 잘 지켰으며, 그런 자부심으로 살아가고 있다.

About 푸켓

푸켓(Phuket)의 유래

푸켓으로 불리기 전 이곳은 탈랑Talang로 불리었다. 라마 5세의 통치 기간 섬의 이름이 부켓 Bhuket으로 바뀌었고, 이는 언덕 또는 산을 의미하는 말레이어 부킷Bukit에서 유래 되었다. 실제로 푸켓은 해변을 빼고는 산이나 언덕으로 이루어져 있다. 푸켓은 1967년 공식적으로 "B"가 "P"로 채택되어 현재의 '푸켓Phuket'으로 불리고 있다.

푸켓(Phuket)의 기후

푸켓은 적도와 가까이 있어서 연중 온도 변화폭이 적다. 3~4월은 가장 더운 달로 온도가 급격히 높아진다. 5월 말부터 10월 말 사이에는 남서 몬순의 영향으로 우기이다. 이때 1년 연간 강수량(2,200mm)의 대부분이 내린다.

특히 9월~10월 초엔 비가 내리는 날이 많다. 11월부터 3월 중순까지는 비가 거의 내리지 않는 건기이고, 이때가 관광객들이 많이 오는 성수기에 해당한다.

취향에 저격의 아름다운 해변

다양하고 아름다운 해변과 에메랄드빛 바다로 유명한 세계적인 관광지인 푸켓에는 1년 내내 관광객들의 방문이 끊이지 않는다. 신나고 즐거운 빠통 비치에서부터 조용하고 한적한 나이한 비치까지 여행자들의 취향에 맞게 다양한 해변을 보유하고 있다.

과거로의 시간 여행

푸켓에는 단순히 클럽과 고급 호텔들만 있는 것은 아니다. 푸켓 타운에 가보면 작고 아담한 독특한 양식의 건물들과 조용한 현지인 거주지가 있다. 보존지역으로 지정되어 아직도 과거의 정취를 물씬 느낄 수 있는 곳으로 푸켓 현지인들의 일상을 엿볼 수 있는 곳이다.

푸켓(Phuket)의 쓰나미

2004년 12월 26일에 인도네시아의 수마트라섬에서 규모 8.9라는 큰 지진에 의한 쓰나미가 푸켓의 해안지역을 덮쳐 많은 사상자와 큰 타격을 입혔다. 이 지진으로 약 25만 명이 사망하였고, 3만 명이 실종되었다. 지금도 해변 곳곳에는 쓰나미 경보 표지판과 그날의 희생들을 기리는 기념비가 세워져 있다.

푸켓에 끌리는 6가지 이유

1. 순수한 자연경관

태국은 관광 대국으로 유명하다. 주변에 피피섬, 사무이섬, 푸켓까지 어디 가나 남부의 분위기를 흠뻑 느낄 수 있다. 그중 푸켓은 아직 순수하게 보존되어있어, 다양한 열대우림부터 에메랄드빛 바다와 아름다운 섬들을 볼 수 있다. 세계적인 휴양지답게 잘 관리된 해변과 섬들은 왜 이곳으로 관광객들이 모이는지 알게 한다.

2. 다양한 먹거리

태국은 음식 대국이기도 하다. 특히 푸켓은 현지 태국 음식뿐만 아니라 다양한 세계 각각의 관광객들의 입맛을 맞추기 위해, 다양한 나라의 레스토랑을 곳곳에 볼 수 있다. 태국이 좋아 태국에 정착해서, 레스토랑을 오픈한 예도 많아서, 음식의 퀄리티가 상상 이상이다. 사방이 바다와 접해 있어서 싱싱하고 저렴하게 해산물 요리를 먹을 수가 있다.

3. 안전한 푸켓

번화가를 벗어나면 아직도 순수한 사람들이 사는 곳이 푸켓이기 때문에 당연히 안전하다.
태국 여행을 하다 보면 안전에 민감해지는 장소도 있지만, 푸켓은 밤길에도 두렵지 않다.
다만 아무도 없는 바닷가는 무서울 때가 가끔 있다.

4. 다양한 즐거움이 있다.

태국은 관광 산업이 발달하여 있고, 그 중심은 푸켓이다. 그래서 다양한 즐길 거리가 곳곳에 널려 있다. 해변에서는 패러 세일링, 서핑, 제트스키가 있고, 산에는 해양 스포츠와 코끼리 트래킹, ATV 등의 엑티비티를 할 수 있다. 날씨가 안 좋다면 실내 서핑장과 트램펄린도 있어서 날씨와 상관없이 다양한 활동을 즐길 수가 있다. 오전 일정이 끝나면 방라 로드에서 열정이 넘치는 화려한 밤이 또 다른 즐거움을 선사한다.

5. 편리한 여행서비스

푸켓은 태국에 속해 있어 대부분의 엑티비티는 숙소나 근처 여행사에서 저렴하게 예약할 수 있고, 기다리면 숙소로 데리러 오기 때문에 너무 편리하다. 어디서든 투어와 엑티비티 의 예약이 가능하고 신용카드의 사용도 편리하다.

6. 불편함 없는 의사소통

관광 대국이라는 명성에 걸맞게 태국은 길을 모르거나 음식점에서 음식을 주문할 때 영어로 말하면 친절하게 영어로 답을 해준다. 영어로 말하면 못 알아들을까 봐 머뭇거리면서 물어보면, 오히려 유창한 영어로 답을 해준다. 오랜 관광 산업의 발전으로 간단한 영어쯤은 문제가 되지 않는다.

푸켓(Phuket) 여행 잘하는 방법

1. 도착하면 관광안내소(Information Center)를 가자.

어느 도시든 도착하면 해당 도시의 지도를 얻기 위해
관광안내소를 찾는 것이 좋다. 공항에 나오면 중앙에
크게 "i"라는 글자와 함께 보인다.
환전소를 잘 몰라도 문의하면, 친절하게 알려준다. 방
문 기간에 이벤트나 각종 할인 쿠폰이 관광안내소에
서 비치되어 있다. 빠통Patong, 푸켓 타운Phuket Town으로
가는 교통수단도 문의하면 자세하게 알려준다.

2. 심 카드나 무제한 데이터를 활용하자.

공항에서 시내로 이동할 때 택시를 이용하거나, 저녁
에 숙소를 찾아가는, 경우에도 구글맵이 있으면, 쉽게
숙소도 찾을 수 있다. 구글 맵을 이용해서 숙소를 찾아
가려면, 데이터가 필요하다.
심 카드를 사용하기는 매우 쉽다. DTAC, TRUE, AIS매
장에 가서 스마트폰을 보여주고 데이터의 크기와 날
짜를 선택하면, 매장 직원이 알아서 심 카드를 끼우고
문자도 확인하여 이상이 없으면 돈을 받는다.

3. 달러나 유로를 "밧(Bhat)"으로 환전해야 한다.

공항에서 시내로 이동하려고 할 때 미니버스나 택시,
버스를 이용한다. 이때 태국 화폐인 밧Bhat이 필요하
다. 대부분 달러로 환전해 가기 때문에 태국 화폐인 밧
Bhat으로 공항에서 필요한 돈을 환전해 가야 한다.
시내 환전소에서 환전하는 것이 더 저렴하다는 이야
기도 있지만, 큰 금액이 아니면 큰 차이가 없다.

4. 공항에서 숙소까지 간단한 정보를 갖고 출발하자.

푸켓Phuket 공항에 도착한 여행객들은 공항버스를 많이 이용한다. 빠통Patong, 까론Karon, 까따Kata, 푸켓 타운Phuket Town으로 가는 다양한 노선이 있고, 요금도 택시와 비교하면 저렴해서 단체가 아닌 이상 일반적으로 버스를 이용한다.

5. "관광지 한 곳만 더 보자는 생각"은 금물

푸켓Phuket은 쉽게 갈 수 있는 해외 여행지이다. 물론 사람마다. 다르겠지만, 평생 한 번만, 이번이 마지막 여행이라는 생각을 하지 말고, 여유롭게 관광지를 보는 것이 좋다. 한 곳을 더 본다고 여행의 만족도가 높아지는 건 아니다.
자신에게 주어진 휴가 기간만큼 행복한 여행이 되도록 여유롭게 여행하는 것이 좋다. 서둘러서 여기저기 보다가 지갑도 잃어버리고, 여권도 잃어버리기 쉽다. 허둥지둥 다닌다고 푸켓Phuket을 한 번에 다 볼 수 있지도 않으니 한 곳을 덜 보겠다는 심정으로 여행한다면 오히려 더 여유롭게 여행을 하고 만족도도 더 높을 것이다.

6. 아는 만큼 보이고 준비한 만큼 만족도가 높다.

푸켓 관광지는 태국의 역사와 관련이 있다. 그런데 아무런 정보 없이 본다면 재미도 없고 본 관광지는 아무 의미 없는 장소가 되기 쉽다. 2박 3일이어도 푸켓에 대한 정보는 습득하고 여행을 떠나는 것이 만족도가 높은 여행을 할 수 있다.

7. 에티켓을 지키는 여행으로 현지인과의 마찰을 줄이자.

현지에 대한 에티켓을 지키지 않는 대한민국 관광객이 늘어나고 있어서, 대한민국에 대한 인식이 나빠지고 있다. 태국을 여행하기 때문에 태국인에 대한 에티켓을 지켜야 하는 것이 먼저다.

8. 감정에 대해 관대해져야 한다.

여행사에 가서 가격을 흥정하거나, 택시를 타기 전에 가격을 흥정할 때 터무니없는 높은 가격을 부르는 경우가 있다. 다양한 경우로 관광객에게 당혹감을 주고 있는 곳이 태국이다.
그럴 때마다 감정 통제가 안 되어 화를 계속 내고 있으면 짧은 푸켓 여행이 생각하기 싫은 여행이 된다. 그러므로 따질 것은 따지되 소리를 지르면서 따지지 말고 정확하게 설명을 하면 될 것이다.

푸   켓
여 행 에
꼭 필 요 한
INFO

한눈에 보는 태국의 역사

태국의 기원

태국 동북부 반치양 근처 마을에서 약 5천 6백 년전
의 것으로 추측되는 농기구와 채문토기가 출토되었
다. 그때부터가 태국의 기원이라고 보는 학자들이
많이 있다. 이후 모족, 크메르족들이 남쪽의 농사 가
능한 땅을 찾아 강, 계곡을 따라 이동했다.

수코타이 시대(Sukhothai Period)

크메르 제국이 쇠태하면서 두 명의 타이 지도자들
인, 쿤 방끌랑타오와 쿤 빠므망은 1238년 크메르 제
국의 북부를 점령하여 태국 민족 최초로 독립 왕국
을 건설했다. 이것이 수코타이 왕조다. (Sukhothai
"행복의 새벽"이라는 의미)

왕조는 3대 왕 람캄행 대왕 때 전성기를 맞이하여 영
토가 현재의 태국과 거의 같은 크기까지 확대되었
다. 1292년 크메르 문자를 개량하여 독특한 태국 문자를 만들어 냈고, 스리랑카로부터 처음
으로 현재의 국교인 소승불교를 확립하였다. 중국과도 외교적으로도 뛰어난 수완을 발휘
하였다.

아유타야 시대(Ayutthaya Period)

수코타이 왕조의 세력이 약해질 무렵 우통왕이 남쪽
으로 내려가 1350년에 아유타야 왕조를 세웠다. 당시
태국은 북부에 란나, 중북부에 수코타이, 중부에는
아유타야가 있었다. 그 후 세력을 키워 마침내 1378
년 쑤코타이를 병합하여 태국 삼국을 통일해서, 동
남아시아 최고의 강국이 되었다.

16세기 후반 아유타야는 내부 정치적인 문제로 국력이 약화 되었고, 1767년에 버마에게 아
유타야는 함락당하고 파괴되었다. 중심 세력을 잃은 아유타야를 하나로 뭉친 사람이 프라
야 딱신 대왕이었다.

톤부리 시대(Thonburi Period)

아유타야 붕괴 후 태국 동부 해안에 피신해 있던 딱
신이 아유타야를 탈환하고, 분열된 태국을 통일시키
고, 1767년 톤부리(방콕의 건너편)에 수도를 정하고

왕위에 올랐다. 그러나 딱신의 정신 이상으로 비운의 죽음을 맞이하고, 15년 만에 톤부리 왕조는 끝나고 말았다.

방콕 시대(1782년~ 현재, 짜끄리 왕조)

1782년 수도를 톤부리에서 짜오프라야강을 끼고 있는, 현재의 방콕으로 옮기고 새 왕조를 열었다. 라마 1세의 시기 태국의 영토는 캄보디아와 라오스를 완벽히 속국으로 만들었고, 치앙마이를 중심으로 한 란나도 점령하여, 동남아 패자의 위치를 재구축하였다. 19세기 말 제국주의 시대에 영국과 프랑스가 압박을 가했으나, 1851년부터 1910년까지 통치한 라마 4세, 라마 5세가 태국을 식민지화 공세로부터 지켜냈다.

현재 태국의 국왕은 2019년에 등극한 라마 10세 마하 와치라롱꼰Maha Vaijiralongkorn이다.

태국 & 한국의 잘 모르고 있는 역사적 사실

태국과 한국의 관계는 고려가 망하기 전인 1391년부터 시작되었다. 고려 이후 조선이 건국 후에도 1391년과 1393년 두 차례에 걸쳐, 사신 왕래를 계속하였으나, 바다에 나타나는 해적의 지속적인 방해로 1397년 이후 교류가 중단되었다.

교류가 재개된 것은 한국 전쟁에 태국이 UN군의 일원으로, 군인 3,650명을 유엔군으로 파견하면서이다. 태국은 전쟁 후 대한민국의 최우선 수교대상국으로 지정되었다. 전쟁으로 129명의 전사자와 1,139명의 부상자를 냈다.

1959년에는 정식으로 외교 관계가 성립되었고, 1981년에는 양국 간 사증 면제 협정을 체결하여 한국인에게 90일간 체류 할 수 있는 무비자 혜택을 줬다. 1966년 태국 최초의 고속도로를 현대건설에서 만들어 주면서 경제적인 교류도 시작되었다.

2018년에는 한국어가 태국의 대학 입학시험에서 제2 외국어 과목으로 포함되었고, 전체 응시생 5만 명 중 5천 504명이 한국어를 선택할 만큼 한국어 학습 열기가 뜨겁다. 2018년에는 한 태 수교60년을 맞이하여 한국과 태국에서 다양한 행사를 펼치는 등 계속 가까워지는 노력을 지속하고 있다.

푸켓(Phuket)의 역사

푸켓의 초기 역사에 대해서는 거의 알려진 사항이 많지는 않다. 다만 동남아 섬들을 돌아다니며 물고기, 조개류를 채취했던, 차오레^{Chao Leh}이라는 불리는 바다 유목 족들이 푸켓의 최초 정착자라고 알려져 있다.

푸켓이 본격적으로 알려지기 시작한 건 9~10세기경 해상무역을 하던 중국과 아라비아, 인도인들에 의해서고, 17세기 후반 영국인 해밀턴의 저서에서 푸켓이 정크실론 즉 정실론이었다는 내용을 발견할 수 있다. 정실론은 빠통의 유명한 쇼핑몰 이름이기도 하다.

태국 역사에서 주목받기 시작한 때는 1765년~1785년 사이에 미얀마와의 전쟁 시 푸켓의 성주가 사망하자 그의 부인인 '찬'과 동생 '묵'이 지역주민들과 함께 미얀마군을 무찔렀다는 기록이 나온다. 이를 계기로 라마 1세가 그들에게 귀족 칭호를 수여하고, 푸켓 타운에서 빠통으로 넘어오는 길목에 영웅 자매 동상을 세웠다.

17세기에 대규모 주석 광산이 개발되면서 섬 전체는 번영의 시대로 접어들고, 외국과의 활발한 교류와 중국인들의 대규모 이주로 문화적인 측면에서도 한층 비약적인 발전이 이루어졌다.

푸켓(Phuket)의 경제

17세기 주석관광의 개발로 푸켓은 엄청난 경제적 성공을 이루어냈고, 1992년 마지막 주석 광산이 문을 닫을 때까지 주석 수출은 푸켓의 경제를 떠받치는 기둥이었다.
또한, 푸켓은 천연고무 생산지역으로 유명하다. 1900년대 초반 고무나무가 도입되고 본격적으로 대규모의 고무 농장이 개발되면서 지금까지 고무는 푸켓의 경제에 중요한 역할을 하고 있다.

작은 어촌 마을에 불과했던 빠통, 까따 지역은 아름다운 천혜의 아름다운 해변으로 1970년대부터 관광객들이 몰려오면서 본격적인 개발이 이루어졌다. 그 후 1967년 푸켓을 육지와 연결하는 사라신 다리가 만들어지고, 푸켓 국제공항이 생기면서 동남아의 대표적 관광지로 거듭났다.

현재 푸켓 경제는 고무 산업과 동남아시아 최고의 관광 산업으로 태국에서 손꼽히는 부자 주가 되었다.

태국 음식

태국에는 우리 입맛에 맞는 음식들이 많다. 다만 우리나라 관광객들에게는 향신료가 강한 음식은 입에 맞지 않아 고생하는 경우가 많이 있다. 다양한 맛이 있는 태국 음식들 가운데 우리나라 사람들이 좋아하는 음식들로만 소개하려고 한다.

맛있는 열대과일도 곳곳에 널려있고, 생과일주스, 과일 스무디, 커피도 저렴하게 즐길 수 있다. 태국에서 먹는 것으로 고생하는 경우는 없다고 봐도 무방할 것이다.

1. 똠얌꿍(Tom Yam Kung)

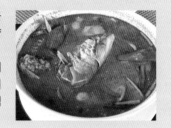

맵기도 하고, 시기도 한 국물에 각종 야채와 새우 등을 섞어 끓인 요리이다. 같은 국물에 닭고기가 있다면 '똠양까이'가 된다. 태국 여행에서 빼놓을 수 없는 음식이다. 선호도가 가장 분명히 나누어지기도 하지만 태국 여행에서 반드시 거쳐야 하는 음식으로 생각하고 한번은 먹어보는 것이 좋다. 먹을수록 묘한 매력을 느끼게 하는 음식이다.

2. 팟타이(Pat Thai)

태국식의 볶음국수로 50B로 저렴하지만 한 끼를 잘 해결할 수 있다. 만드는 순서는 강한 불에 버터와 밥을 먼저 볶고 그 위에 계란을 같이 볶고 나서, 준비된 새우와 면을 넣고 다시 볶아서 익혀지면 숙주와 부추를 올리고 다시 약하게 볶는다. 땅콩가루와 함께 버무려 먹는다. 길거리에서 제일 흔하게 볼 수 있는 음식이다.

3. 카우 팟(Kao Pat)

태국 어디에서도 먹을 수 있는 음식인 카우 팟은 밥을 가지고 간단하게 볶아서, 만들어 먹는 볶음밥이다. 재료에 따라 닭고기와 해산물, 채소가 들어가면 더욱 맛있게 먹을 수 있다.

4. 쏨땀(Som Tam)

덜 익은 파파야를 얇게 채 썰어서 피시 소스와 매운 고추와 당근, 토마토, 롬빈(길쭉한 콩과 식물), 마늘, 땅콩을 섞어 버무린 태국식 샐러드이다. 새콤하고 매콤해서, 고기구이, 밥류와 잘 어울린다. 우리나라 겉절이라고 생각하면 된다. "쏨"은 "시다"라는 뜻이고, "땀"은 찧어서 섞다"의 의미가 있다. 고추로 매운맛을 조절해준다.

5. 뿌팟퐁 까리(Poo Phat Pong Karee)

태국식 카레 요리에 대게를 넣어 만든 요리이다. 해물과 야채에, 노란 커리 가루, 코코넛 밀크, 달걀을 풀어서 볶는 요리이다. 게살만 발라서 넣어 만든 "느어뿌 팟 퐁까리"도 있다.

6. 껭쭈운 쎈무쌉(Gaeng Jued Woon Sen Moo Sap)

돼지고기에 배추 잎, 버섯, 양파와 당면을 넣어 끓인 국물 요리이다. 국물이 맑고 시원해서, 덮밥 종류와 잘 어울린다.

태국 음료수

녹차 음료수(Tea)

태국은 녹차 음료수를 많이 마신다. 편의점이나 마트에 가보면 음료 냉장고에 한쪽이 녹차로 가득 들어있는 것을 볼 수 있다. 우리나라 녹차 음료수와 다르게 음료가 좀 달다. 우리나라와 비슷한 녹차 음료수를 찾는다면 후지 차 네츄럴Fuji Cha Natural 제품을 구매하면 된다.

칼피스(Calpis)

우리나라 밀키스와 비슷한 스타일의 제품이다. 우유 맛과 톡 쏘는 탄산이 더운 여름에 마시면 깔끔한 맛을 준다. 오렌지 맛, 망고 맛, 베리 맛 등이 있다. 일본 브랜드다.

모구모구(MoguMogu)

과일 맛 나는 음료수에 젤리를 넣어 씹는 식감도 있다. 리치, 딸기, 망고, 사과, 포도, 복숭아 맛 등 여러 종류가 있다. 우리나라의 코코팜과 비슷하다고 생각하면 된다. 한국 사람에게 인기가 많아 우리나라에서도 판매하고 있다.

레드 불(Red Bull)

태국에서 개발된 레드 불은 우리나라 박카스나 비타 500과 비슷한 에너지 드링크이다. 카페인양이 우리나라 에너지 드링크보다 높다. 바나 클럽에서는 로컬 양주랑 칵테일로 만들어 준다. 심장에 무리한 영향을 주니 많은 양을 마시는 것은 조심해야 한다.

블랙 젤리

태국 길거리나 야시장에서 흔히 볼 수 있는 음료수다. 커다란 양동이에 블랙 젤리를 준비하고, 주문하면 큰 국자로 바로 떠서 준 다음, 얼음과 설탕을 추가로 넣어준다. 가격도 저렴하고, 씹는 맛도 있어서, 태국 전통 디저트로 현지인에게 인기가 많은 음료이다.

태국 전통 양주

쌩쏨(SangSom)

창 비어를 생산하는 태국베버리지Thai Beverage에서 만든
럼과의 위스키이다. 도수 40도고 용량에 따라 2가지
종류가 있다. 태국의 국민 술이라 불리는, 쌩쏨은 '달
빛'이라는 뜻이 있다.

편의점, 마트, 동네 슈퍼에서도 쉽게 구매할 수 있고,
외국 양주보다 저렴해서, 태국 로컬 위스키 시장의
70% 이상을 점유하고 있다. 대부분의 태국 사람들은
창과 레드불을 섞어 마시거나, 소다수와 라임, 얼음을
같이 넣어 먹기도 한다. 300ml, 700ml 두 가지 용량이
있다.

홍쏭(Hong Thong)

수라 방이칸Sura Bangyikhan에서 만든 당밀과 쌀로 만든
증류주이다. 홍쏭 'HONG THONG'은 황금 불사조라는
뜻이다. 도수는 35%이고, 향긋한 향기와 가볍고, 뒷맛
이 깔끔한 위스키이다. 350ml, 700ml 두 가지 용량이
있다.

블렌드 285 (Blend 285)

에너지 음료 회사인 레드불에서 전통적인 스카치위스
키를 만드는 공법으로 만든 도수 35%의 위스키이다.
부드럽고, 향긋한 맛이 난다.

2차 증류와 숙성 과정을 거쳐서, 훨씬 숙성된 맛을 느
끼게 한다. 스트레이트로 먹기보다는 온더 락이나 레
몬, 라임을 함께 타마시면 좋다. 금색 라벨은 5년 숙성,
검정 라벨은 3년 숙성된 위스키이다.

태국 맥주

싱하 비어(Singha Beer)
태국 신화에 나오는 사자 형상을 로고로 만든 라거 스타일의 맥주이다. 싱하 그룹에서 만든 맥주로 5%의 도수를 가지고 있다. 탄산 감이 조금 강하고, 고소한 맛이 느껴진다. 1939년 왕실로부터 가루다 상표를 사용할 수 있도록 허락받았을 만큼 태국을 대표하는 맥주이다. 가격이 조금 비싸 프리미엄 맥주로 알려져 있다.

리오(Leo Beer)
싱하를 만드는 분 로드 맥주회사Boon Rawd Brewery에서 노동자와 방콕 외곽의 도시 점유율을 높이기 위해 중저가 제품으로 만든 라거 스타일의 맥주다. 도수는 5%이고, 부드럽고 목 넘김이 좋은 맥주이다. 싱하 맥주가 창 맥주로 매출이 감소하자 서민들이 쉽게 사 마실 수 있는 맥주를 만들어 시장 점유율을 올리기 위해 만들었다. 낮은 도수, 저렴한 가격에 출시 되자마자 선풍적인 인기를 끌었다. 2009년 이후로 시장 점유율 1위를 달리고 있을 정도로 태국에서 인기가 높다.

창(Chang Beer)
코끼리가 마크인 창 맥주. 창은 태국어로 코끼리를 의미한다. 도수 6.4%의 향긋하고, 부드러운 라거 스타일의 맥주이다. 1994년 태국 베버리지Thai Beverage에서 만든 창 맥주는 저렴한 가격을 무기로 싱하가 장악하고 있던 맥주 시장에 과감하게 도전장을 냈다. 1998년도 오스트레일리아 열린 맥주 대회에서 챔피언을 획득한 뒤로 서민층과 젊은 층에 폭발적으로 인기를 얻으면서 출시 4년 만에 싱하를 따라잡고 태국 맥주 시장의 최강자가 된다. 2009년엔 리오에게 밀려났지만, 여전히 태국에서 사랑받는 맥주이다.

아차(Archa Beer)
창 맥주를 만드는 태국 베버리지Thai Beverage에서 2004년 출시한 라거 스타일의 맥주이다. 도수는 5.4%이고, 탄산도 세지 않아 목 넘김이 부드럽고, 적절한 단맛이 나서 편하게 마실 수 있는 맥주이다.

페더브라우(Federbrau)
창비어를 만드는 태국 베버리지Thai Beverage 산하의 브루어리에서 만드는 맥주로 젊은 층을 겨냥해서 만든 맥주이다. 도수는 4.7도로, 가볍고 부드러운 라거 스타일의 맥주이다.

치어스(Cheers)

하이네켄 태국 그룹인 아시아 패시픽 브루어리에서 2005년에 출시된 도수 5.6도의 라거 스타일의 맥주이다. 부드럽고, 목 넘김이 깔끔한 우수한 품질의 맥주이다.

푸켓(Phuket)

독일 맥주 순수령에 적합한 방법으로 만든 태국 최초의 지역 맥주이다. 산 미구엘 산하 맥주 양조장에서 생산되는 맥주이다. 푸켓 지역 바나 마트에서만 구매 할 수 있다.

태국 커피 (Coffee)

태국은 아시아에서 몇 안되는, 커피 원두 생산국으로서, 태국 왕실 커피 비즈니스인 로열 프로젝트로 인해 성장하였다. 남부지역은 로부스타Robusta, 북부 고산 지대에서는 아라비카Arabica를 생산하고 있다. 아라비카 원두는 100% 유기농으로 재배되고 있어, 향이나 맛이 뛰어나다. 태국을 대표하는 3대 커피 프랜차이즈는 와위 커피Wawee Coffee, 도 이창Doi Chaang, 도 이퉁Doi Tung이다. 최근에는 아마존 카페가 무섭게 치고 올라가고 있다. 프랜차이즈뿐만 아니라 방콕이나 치앙마이에는 개성 넘치고, 실력 있는 개인 커피숍들이 많이 있다.

생과일주스(Fruit Juice)

열대 과일이 풍부한 태국에서는 어디를 가나, 생과일주스를 저렴한 가격에 마실 수 있다. 망고, 수박, 파인애플 같은 생과일을 직접 갈아서 넣은 생과일 주스와 야자, 코코넛 주스는 여행에 지친 여행자에게 피로를 풀게 해주고, 목마름을 해결해 주는 묘약이다.

태국 과일

망고(Mango)
태국에서 가장 선호되는 과일은 역시 망고
이다. 생과일주스로 가장 많이 마시게 되는
망고주스는 태국 끄라비 여행이 끝난 후에
도 계속 생각나게 된다.

망고스틴(Mangosteen)
망고스틴은 과일의 여왕으로 불릴 만큼 그
맛이 뛰어나다. 보라색 껍질을 까면 마늘 모
양의 하얀색 씨앗이 나온다. 부드러운 식감
과 달콤하고 약간 새콤한 맛이 난다. 차가운
성질의 과일이라 특히 더울 때 먹기 좋다.

람부탄(Rambutan)
빨갛고 털이 달려있어서 벌레 같이 징그럽
게 생각되기도 하지만, 단맛이 강한 과즙을
가지고 있다.

포멜로 (Pomelo)
감귤과의 과일로 크레이프 푸루트와 향은
비슷하나, 단맛과 약한 신맛이 난다. 태국에
서는 소금을 찍어 먹거나 음료, 샐러드로 만
들기도 한다. 껍질이 두껍고 질겨서 손으로
까기에는 쉽지 않다.

로즈 애플 (Rose Apple)
태국어로 "촘푸"라고 불리 운다. 종 모양의
빨간색 과일로, 사과와 같은 아삭한 식감과
새콤달콤한 맛이 난다. 겉은 빨간색이지만
속은 하얀색이다.

리치 (Lychee)
작은 골프공 크기로 겉은 오돌토돌하고, 잘
익은 것은 빨간색이다. 껍질은 손으로 벗길
수 있을 정도로 얇고, 속살은 달콤하고 쫄깃

하다. 씨앗은 크고 단단하다. 하이포 글리신 이라는 성분이 함유되어 있어서, 빈속에 먹으면 위험하고, 혈당 수치를 낮추고, 열이나 알레르기 반응이 있어서 민감한 사람은 안 먹는 게 좋다.

바나나(Banana)
한국인들에게 가장 친숙한 열대과일이다. 태국에서는 바나나를 튀겨먹거나, 구워 먹기도 한다. 작고 통통한 몽키 바나나를 많이 먹는다.

구와바(Guava)
못생긴 청 사과 모양을 하고 있으며, 아삭아삭한 식감이 나고, 달거나 시지는 않다. 태국에서는 소금이나 고춧가루를 섞은 양념에 찍어 먹는다. 비타민, 철분등 각종 영양소가 풍부해서 잘라서 먹거나, 주스로도 만들어 먹는다.

잭푸룻(Jackfruit)
두리안과 모양이 흡사하게 생겼다. 껍질에 가시가 덜 돋아있다. 크기가 너무 커서 주로 시장이나 마트에서 손질해 있는걸 사 먹는다. 쫄깃한 식감과 달콤새콤한 파인애플과 비슷한 맛과 향이 난다.

롱안(Longan)
2cm정도 크기의 둥근 다갈색의 과일이 포도송이처럼 가지에 붙어있다. 과육은 흰색이고, 새콤달콤한 맛이 난다. 잘 익은 롱안은 단맛이 강하게 난다.

파인애플(Pineapple)
태국 파인애플은 유독 단맛이 강해서 식후 디저트로 좋다. 마트나 시장에 가보면 작은 파인애플을 손질해서 많이 판다. 볶음밥 재료로 많이 사용된다.

수박(Watermelom)

한국 수박은 동그란 모양이지만, 태국 수박은 넓게 퍼진 타원형이다. 열대 지방 수박이라 단맛이 뛰어나다. 수박 스무디를 주로 많이 먹는다.

파파야(Papaya)

수박처럼 안에 씨가 있는 파파야는 태국식 샐러드인 쏨땀에 주 재료로 들어간다. 제대로 익은 파파야는 겉부분을 먹게 되며, 부드럽고 달달하다. 야릇한 냄새가 좀 나서 호불호가 갈린다.

두리안(Durian)

열대과일의 제왕이라고 불리는 두리안은 껍질을 까고 먹는 과일이다. 단맛이 좋지만, 껍질을 까기 전에 냄새가 좋지 않아 외부에서 먹고 들어가야 한다. 대부분의 숙소에서 반입이 허용 금지된다.

용과(Dragon Fruit)

뾰족하게 나와 있는 가시 같은 부분이 있는 과일이다. 선인장과의 과일로, 진한 빨간색으로 식감을 자극하고, 은근한 단맛이 느껴진다.

코코넛(Coconut)

야자수 열매로 알고 있는 코코넛은 얼음에 담아 마시면 무더위가 가실 정도로 시원하다. 코코넛을 넣어 만든 풀빵도 간식으로 인기가 많다. 하얀 속껍질은 여러 음식의 식재료로도 사용된다.

푸켓 쇼핑

란제리

일본의 유명 속옷 브랜드인 와코루가 태국 현지
공장에서 직접 생산해서 판매한다. 가격이 한국에
비교해 저렴하고, 편안하고 질도 좋아서, 여성 여
행객들 쇼핑목록 1순위이다. 세일 상품이나 여러
세트를 구매하면 더 저렴하게 구매 할 수 있다.

달리 치약(Darle)

치아 미백에 효과가 있어서 태국에 쇼핑 필수 품
목 중 하나이다. 다른 치약에 비교해 맛이 강하고
맵지만, 청량감은 최고다. 허브, 레몬, 녹차, 대나
무, 숯, 민트 등의 종류가 있고, 각각의 효능이 다
르니 방문 전에 알아보고 가는 게 좋다.

코코넛 오일(Coconut Oil)

코코넛의 말린 속살에서 오일을 추출한 것으로 태
국에서는 음식과 미용에 많이 사용되어왔다. 건강
과 미용에 좋아서, 많이 구매하는 품목이다.

수제 비누

태국 마트나 야시장에 가면 꼭 볼 수 있는 것이 수제 비누이다. 자연에서 추출한 천연 재료
를 사용하여 피부를 건강하고, 아름답게 해준다. 과일 모양에 따라 과일의 특징을 가지고
있다. 과일과 코끼리 등의 다양한 모양으로 판매한다.

똠양꿍 라면

세븐 일레븐이나 마트에서, 구매 할 수 있다. 똠양꿍을 좋아하는 관광객들
이 귀국선물이나 본인용으로 몇 개씩은 꼭 챙기는 라면이다. 크기도 작아
서 캐리어 빈 곳에 넣기도 좋다.

말린 과일

망고, 파인애플, 파파야, 두리안등 부피도 작고, 맛도 있어서, 지인들에게 선물하기도 좋다. 정작 태국 여행할 때는 안 사 먹는다.

태국 건 고추

한국 고추와는 다른 매콤한 맛을 내는 태국 고추는 국물 요리할 때 넣으면 칼칼하게 매운맛을 낼 수 있다. 건 고추 한 봉지만 사가도 오랫동안 사용할 수 있다. 요리 좋아하는 사람에게 선물하기도 좋다.

코끼리 바지

태국 시장 어디서나 볼 수 있고, 현지인은 안 입지만, 여행자들이 입고 다닌다. 옷에 코끼리 문양이 인쇄되어 있다. 반바지, 긴바지, 원피스가 있어서 태국 여행 기분 내는데 좋을 뿐만, 아니라 옷 자체도 가볍고 시원한 천으로 되어 있어서 사서 입고 돌아다니기도 하고, 선물용으로도 사간다.

꿀

100% 유기농 꿀로 품질도 좋고, 한국에 비교해 가격도 저렴하다. 왕실에서 보증하는 왕실 인증 마크가 있는 꿀도 생각보다 비싸지는 않다. 튜브형, 유리병, 플라스틱병으로 포장되어 있어서, 파손 위험 없이 가져갈 수 있다. 주위 어르신들에게 선물하면 특히 좋아한다.

파우더

일명 홍진영 파우더라고 불리는 비비 폰즈 파우더. 다른 파우더와 달리 커버력이 좋고, 자외선도 차단해줘서 여성들에게 인기가 많다. 태국은 습하고 자외선이 강해서 파우더를 자주 바른다. 일반 파우더도 품질대비 가격이 저렴하다.

태국 마사지

근육과 관절 등에 일련의 신체적 자극을 통해 뭉친 신체 일부나 전신의 근육을 푸는 것이 마사지이다. 누구나 힘든 일을 하면 본능적으로 어깨 등을 어루만지는 행동을 할 정도이다. 그러므로 마사지도 엄청나게 오래된 역사가 있다. 고대 로마에도 전문 안마사 노예가 따로 있을 정도라고 한다.

마사지의 종류에 따라 경락 마사지, 기 마사지, 아로마 마사지, 등 많다. 그중 대표적인 것이 발 마사지와 타이 마사지일 것이다. 또한, 오일 마사지, 스톤 마사지가 있다.

마사지의 역사

태국은 세계적으로 마사지가 유명하지만, 동남아시아의 어디를 여행해도 마사지는 어디에서든지 쉽게 찾을 수 있을 정도로 유명하다. 마사지는 맨손과 팔을 이용한 지압이 고대 태국 불교의 승려들이 장시간 고행을 한 후에 신체의 피로를 풀어주기 위해 하반신 위주로 여러 지압법을 만들기 시작한 것이 시초라고 한다.

지금도 태국에서 전통 마사지라고 하면 하체에만 하는 마사지 법을 일컫는다고 한다. 스님들이 전쟁에서 지친 군인들을 위해 할 수 있는 게 뭐가 있을까 생각하다가 고안한 것이 있었는데 그게 바로 마사지였고, 자연스럽게 승려들을 통해 마사지가 발전해 왔다는 이야기도 전해온다.

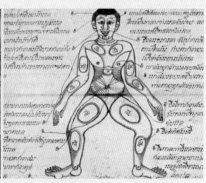

마사지의 종류

1. 타이 마사지

가장 인기 있고 많이 받는 마사지이다. 타이 마사지는 신체 한 부분보단 몸 전체의 에너지를 조화롭게 하는 데 초점을 맞추는 치료 행위이다. 안마사의 손가락, 팔꿈치, 손바닥 등 온몸을 사용하여 몸에 퍼진 혈 자리와 근육을 자극해서 혈액 순환과 뭉친 근육을 풀어준다. 특히 타이 마사지는 몸을 당기거나 비트는 동작이 많아서, 익숙하지 않은 사람은 힘이 들 수 있다. 운동을 즐겨 하거나 사무실에 있어서 어깨나 목에 근육이 뭉친 경우에 아주 효과적이다.

2. 발 마사지

발을 먼저 깨끗이 씻어주고, 편안한 의자에 앉으면 발바닥부터 허벅지까지 섬세한 손길로 눌러 준다. 특히 뭉친 곳은 더욱 집중해서 해준다. 여행자들은 많이 걷기 때문에 발바닥부터 종아리 근육이 많이 뭉쳐 있어서, 발 마사지를 받으면 즉시 효과를 본다.

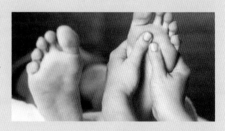

3. 허브 볼 마사지

샤워하고 몸에 오일을 바른 다음, 각종 허브로 만든 거즈에 싸인, 따뜻한 허브 볼로 몸을 지그시 눌러 주면서 마사지를 한다. 좋은 허브 향이 피로한 심신을 치유해준다. 허브 액이 몸에 스며들며 근육 뭉친 곳을 풀어주고, 어깨 결림에 특히 좋다.

4. 오일 마사지

샤워하고 침대에 누우면, 전신에 오일을 바르고 혈 자리를 따라서 자극을 주는 마사지 방식이다. 발바닥에서부터 허벅지 어깨, 엉덩이를 부드럽게 마사지한다. 피로 해소와 미용에 효과가 좋다고 알려져 있다. 오일의 끈적임을 싫어하는 사람은 타이 마시지를 받으면 된다.

5. 핫 스톤 마사지

현무암, 보석 원석 등 주로 자연석으로 만든
스톤을 60도의 정도의 물로 데운 후 어깨에
서부터 허리까지 올려둔다. 뜨거운 돌이 근
육을 이환시켜주고, 혈액 순환을 도와줘서,
어깨 결림이나 냉증 불면증에 효과가 좋다.

마사지할 때 필요한 태국어

크랍–남성 존칭어 / 카–여성 존칭어
좀 세게 해주세요 | 낙낙 너이 크랍/카
좀 약하게 해주세요 | 바오바오 너이 크랍/카
아파요 | 쨉 크랍/카
안 아파요 | 마이 쨉 크랍/카 : 마이뺀 라이
이 곳은 하지 마세요 | 뜨롱니 마이 아오 크랍/카
추워요 | 나우
더워요 | 런

태국 마사지 학교 강습 코스

태국 마시지 효과를 본 여행객들은 가족과 지인들을 위해서 정식으로 마사지를 배우기를
원한다. 방콕 및 치앙마이에는 마사지 학교가 있다.
▶ **일반 코스** : 30시간 7,000B ▶ **상급 코스** : 30시간 7,000B
▶ **발 마사지 코스** : 30시간 5,500B ▶ **오일 마사지 & 아로마 테라피 코스** : 5,500B
▶ **유아 마사지 코스** : 15시간 3,600B

마사지 학교

방콕 왓포 마사지 학교 | https://watpomassage.com
치앙마이 마시지 학교 | http://thaimassageschool.ac.th

푸켓 엑티비티 Best 5

1. 골프(Golf)

푸켓에는 유명한 골프 클럽이
많이 있다. 옛 주석 광산 부지
위에 만들어진 골프장은 세계
적으로 유명한 디자이너가 설
계했고, 해변을 바라다보면서
라운딩을 즐길 수가 있어서,
아시아 100대 골프장에 포함
된 곳도 있다.
한국에서도 푸켓 골프투어는
인기 있는 관광 상품이다. 푸
켓에는 7개의 골프 클럽이 있
는데, 모두 푸켓의 열대 기후
와 지형이 지닌 이점을 최대
한 활용하여 설계되었다.

2. 코끼리 트레킹(Elephant Trekking)

태국에서 코끼리는 어디 가서
나 쉽게 볼 수 있는 대표 동물
이다. 예전에 숲에서 통나무를
운반했던 코끼리를 정부가 벌
목을 금지하면서, 지금은 관광
트레킹에서 제 일을 묵묵히 하
고 있다. 코끼리를 타고 아름다
운 숲과 계곡을 건너보는 것도
태국여행의 묘미가 아닐까 생
각한다. 특히 어린이들이 좋아
한다.

3. 스쿠버 다이빙(Scuba Diving)

아름다운 바다 밑을 직접 볼 수 있는 스쿠버 다이빙은 상대적으로 장비를 착용하고 깊은, 바다 속으로 들어가기 때문에 안전에 특별히 주의해야 한다. 그래서 초보자는 반드시 전문 강사와 같이 간단한 교육을 받고 바다 속으로 들어가야 한다.

물속에 들어가서 귀가 아프거나 머리가 아프다면 반드시 강사에게 알려주어 도움을 받아야 한다. 그냥 지나치면 스쿠버 다이빙Scuba Diving은 버티지 못하고 결국 밖으로 나와야 한다. 안전교육과 안전이 가장 중요한 해양 스포츠이다.

4. 스노클링(Snorkeling)

스쿠버 다이빙Scuba Diving이 장비를 착용하고 바다 깊숙이 들어가는 반면에 스노클링Snorkeling은 마스크와 오리발만 착용하고 바다에 들어가기 때문에 얕은 바닷물 속을 보게 된다. 대부분 관광객은 초보자이기 때문에 안전 조끼를 착용하고 물에 뜬 상태에서 바닷물 속의 색깔이 화려한 열대 물고기를 본다.

태국 바다는 물이 깨끗해서 물속에서도 시야가 좋다. 스노클링은 스쿠버 다이빙을 오전에 하고 점심을 먹고, 오후에는 스노클링Snorkeling을 한다. 그래서 스쿠버 다이빙과 같이 투어 상품에 포함된 경우가 대부분이다.

5. 사륜구동 바이크(ATV)

푸켓Phuket에서 매일 하는 물놀이가 지겹다고 느껴진다면, 숲속을 종횡무진 돌아볼 수 있는 사륜구동 바이크를 고려해 봐도 좋다.

까론 뷰 포인트 근처에는 바다를 조망하면서 사륜구동 바이크를 탈 수 있는 업체들이 몰려있다. 조작법이 간단해서 누구나 쉽게 운전할 수 있고, 사륜구동이라 안전하게 즐길 수 있다.

푸켓(Phuket) 엑티비티 주의사항

해외여행을 다니는 대한민국의 관광객이 늘어나면서 해외에서 사고도 자주 일어나고 있다. 태국도 예외가 아니어서 푸켓Phuket에서 즐기는 스노클링이나 스쿠버 다이빙 같은 해양 스포츠에서 사고가 일어날 수 있으니 사전에 안전장비와 기상 상황을 확인하고 참가해야 한다. 바다는 바람이 강하거나 비가 오면 위험하므로 기상을 확인하고 무리하게, 참가하지 말아야 한다.

푸켓Phuket에서 엑티비티Activity 투어 상품은 보험이 가입되어 있지 않다. 가능하면 한국에서 여행자 보험에 가입하고 여행을 시작해야 한다.

1 푸켓Phuket에서 엑티비티Activity 투어 상품은 보험이 가입되어 있지 않다. 가능하면 한국에서 여행자 보험에 가입하고 여행을 시작해야 한다.

- 엑티비티Activity 투어이므로 간단한 찰과상이나 타박상 등이 우기의 급류나 해류에서는 발생할 수 있어 사전에 상비약은 가지고 있는 것이 편리하다.
- 물에 대한 두려움이 심하거나 심장병, 임신, 고소공포증, 기타 개인적인 어려움이 있으면 투어를 자제해야 한다.
- 본인의 지병이나 가이드의 안내에 따르지 않아 발생하는 안전상의 문제에 대해서는 일절 책임지지 않는다.
- 투어 진행시 무상으로 제공해주는 렌탈 장비(안전모, 구명조끼 등)등을 고객의 부주의로 인한 분실 및 파손 시 일부 금액을 요구할 수도 있으니, 분실과 파손을 주의해야 한다.

2 대부분의 투어는 해당 날짜에 모집된 고객과 같이 진행되며 통합하여 투어로 진행되므로 픽업시간은 다소 유동적이다.

- 숙소 픽업과 출발 시간의 지연 등이 발생할 수도 있다.
- 투어 차량으로 진행되며 일반적으로 봉고차나 코치버스로 진행되지만 차량의 종류는 유동적이다.
- 개인의 사정으로 픽업 시간에 늦어 투어 출발차량에 탑승하지 못한 경우는 본인 과실로 환불이 안 된다.
- 픽업 시간은 투어 출발 시간 기준으로 15분 전부터 약속된 픽업 장소에서 대기하면 순차적으로 픽업차량이 확인하고 태우게 된다.

3 푸켓Phuket에서 판매하는 투어는 엑티비티Activity 투어 상품이다. 투어에서 발생하는 귀중품의 분실이나 파손은 책임지지 않는다.

- 엑티비티Activity의 성격상 스노쿨링, 스쿠버 다이빙 같은 투어에서 배에 안전문제가 발생하는 예상하지 못하는 상황이 발생할 수 있다. 반드시 사전에 구명조끼를 착용하고 시작해야 한다.
- 경우에 따라 방수 백에 물건을 담아두면 물에 빠지더라도 귀중품에 문제가 발생하지 않을 수 있다. 구명조끼를 입는다고 해도 상황에 따라 일부 모자나 선글라스, 슬리퍼 등의 파손이 발생할 수 있으니 조심해야 한다.
- 귀중품의 분실이나 파손 등은 일절 책임지지 않으므로 숙소에 두고 나오는 것이 안전하다.

푸켓(Phuket) 여행 밑그림 그리기

우리는 여행으로 새로운 준비를 하거나 일탈을 꿈꾸기도 한다. 여행이 일반화되기도 했지만, 아직도 여행을 두려워하는 분들이 많다. 태국에서 푸켓Phuket 여행자가 급증하고 있다. 그러나 어떻게 여행해야 할지부터 걱정하게 된다. 아직 정확한 자료가 부족하기 때문이다. 지금부터 푸켓Phuket 여행을 쉽게 한눈에 정리하는 방법을 알아보자. 푸켓Phuket 여행 준비는 전혀 어렵지 않다. 단지 귀찮아하지 않으면 된다. 평소에 원하는 푸켓 여행을 가기로 했다면, 꼼꼼하게 준비하는 것이 중요하다.

일단 관심이 있는 사항을 적고 일정을 짜야 한다. 처음 해외여행을 떠난다면 푸켓Phuket 여행도 어떻게 준비할지 몰라 당황하게 된다. 먼저 어떻게 여행을 할지부터 결정해야 한다. 아무것도 모르겠고 준비하기 싫다면 패키지여행으로 가는 것이 좋다. 푸켓Phuket 여행은 주말을 포함해 3박 4일, 4박 5일 여행이 가장 일반적이다. 해외여행이라고 이것저것 많은 것을 보려고 하는데, 힘만 들고, 남는 것도 없는 여행이 될 수도 있으니 욕심을 버리고 준비하는 게 좋다. 여행은 보는 것도 중요하지만, 같이 가는 여행의 일행과 함께 잊지 못할 추억을 만드는 것이 더 중요하다.

다음을 보고 전체적인 여행의 밑그림을 그려보자.

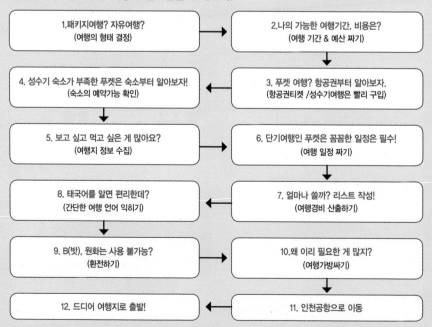

결정했으면, 일단 항공권을 구하는 것이 가장 중요하다. 전체 여행경비에서 항공료와 숙박이 차지하는 비중이 가장 크지만, 너무 몰라서 낭패를 보는 경우가 많다. 평일이 저렴하고 주말은 비쌀 수밖에 없다.

패키지여행 VS 자유여행

푸켓 여행을 가려는 여행자가 늘어나고 있다. 하지만 누구나 고민하는 것은 여행 정보는 어디에서 구하지? 라는 질문이다.
그만큼 푸켓에 대한 최근 정보를 구하기는 쉽지가 않다. 그래서 처음으로 푸켓를 여행하는 여행자들은 패키지여행을 선호하였다. 20~30대 여행자들이 늘어남에 따라 패키지보다 자유여행을 선호하고 있다.

편안하게 다녀오고 싶다면 패키지여행
푸켓을 가고 싶은데 정보가 없고 나이도 있어서 무작정 떠나는 것이 두려운 여행자들은 편안하게 다녀올 수 있는 패키지여행을 선호한다. 효도 관광, 동호회, 동창회에서 선호하는 형태로 여행 일정과 숙소까지 제공하니, 본인의 짐과 몸만 떠나면 된다.

연인끼리, 친구끼리, 가족 여행은 자유여행 선호
2주 정도의 긴 여행이나 젊은 여행자들은 패키지여행을 선호하지 않는다. 특히 여행을 여러 번 다녀 본 여행자는 자신이 원하는 숙소, 관광지, 액 티비티를 직접 알아보고 본인에게 맞는 것을 하고 싶어 한다.
여행지에서 원하는 것이 바뀌고, 여유롭게 이동하며 보고 싶은 것, 먹고 싶은 것을 자유롭게 찾아갈 수 있는 여행이 연인, 친구, 가족 여행객들에겐 적격이다. 의외로 태국인들은 식당 아주머니부터, 택시 기사분도 기본적인 영어를 잘해서, 영어를 조금만 한다면 불편함 없이 자유롭게 다닐 수 있다.

푸켓 숙소에 대한 이해

푸켓 여행이 처음이고 자유여행이면 숙소 예약이 의외로 쉽지 않다. 일정이나 도착하는 시간에 따라 공항 근처에서 숙박할지, 택시를 타고 방따오나 빠통 숙소를 고려해 봐야 한다. 푸켓 숙소의 전체적인 이해를 해보자.

1. 숙소의 위치
푸켓에서는 빠통, 방따오, 까론, 까따, 푸켓 타운에 주요 관광지가 몰려있어서, 숙박의 위치가 중요하다. 시내에서 떨어져 있다면, 이동하는 데 시간이 소요되고, 교통수단도 드물고 교통비도 비싸서, 좋은 선택이 아니다. 먼저 시내에서 얼마나 떨어져 있는지 먼저 확인한다.

2. 숙소 예약 앱의 리뷰를 확인하라.
빠통, 푸켓 타운, 까론, 까따에는 다양한 숙소부터 에어비앤비를 이용한 아파트도 있다. 가장 먼저 고려해야 하는 것은 자신의 여행비용이다. 항공권을 예약하고 남은 여행경비가 3박 4일에 30만 원 정도라면 호스텔을 추천한다.
푸켓에는 많은 호스텔이 있다. 호스텔도 시설에 따라 가격이 조금 달라진다. 숙소 예약 앱의 리뷰를 보고 한국인이 많이 가는 호스텔을 선택해 문제가 되지 않을 것이다.

3. 내부 사진을 꼭 확인

호텔이나 리조트 비용은 2~15만 원 정도로 저렴한 편이다. 호텔의 비용은 우리나라 호텔보다 저렴하지만, 시설이 좋지는 않다. 오래된 건물에 들어선 숙소는 아니지만, 관리가 잘 못된 호텔이 의외로 많다. 반드시 객실 내부의 사진을 확인하고 선택하는 것이 좋다. 리조트에 따라 시설이나, 위치가 천차만별이기 때문에 본인에게 맞는 곳을 잘 선택해야 한다.

4. 에어비앤비를 이용해 아파트 이용방법

시내에서 얼마나 떨어져 있는지를 확인하고, 숙소에 도착해 어떻게 주인과 만날 수 있는지 전화번호와 아파트에 도착하는 방법을 정확히 알고 출발해야 한다. 아파트에 도착하여도 주인과 만나지 못해 숙소에 들어가지 못하고, 1~2시간만 기다려도 화도 나고 기운도 빠지기 때문에 여행이 처음부터 쉽진 않아진다.

5. 푸켓에서 민박 이용방법

푸켓에는 세계적인 휴양지답게 한국인이 운영하는 숙소가 다양하게 있다. 빠통, 까론에 있는 한인 숙소를 이용해보자.

숙소 예약 사이트

부킹닷컴(Booking.com)

전 세계에서 가장 많이 이용하는 숙박 예약 사이트다. 호스텔, 호텔, 리조트까지 다양한 숙소가 있다. 푸켓에 있는 많은 숙소가 올라와 있다. 많이 이용할수록 다양한 혜택이 주어진다.

> Booking.com
> 부킹닷컴
> www.booking.com

에어비앤비(Airbnb)

전 세계 사람들이 남는 방이나 숙소를 제공하고, 호스트가 되어 손님을 맞이하는 것이다.
여행자는 손님이 되어 자신에게 맞는 집을 골라 숙박을 해결한다. 어디를 가나 비슷한 호텔이 아닌 현지인의 집에서 숙박하면서, 현지인의 문화와 생활을 체험할 수 있어서 점점 여행자들의 선호도가 높아지고 있다.

> airbnb
> 에어비앤비
> www.airbnb.co.kr

호스텔닷컴(Hostel.com)

다양한 숙박 시설이 리스트로 올라와 있지만, 호스텔의 비중이 높다. 저렴하고, 다양한 호스텔에 대한 정보가 많이 나와 있어서, 베낭 여행자가 가장 많이 찾는 사이트이다.

> HOSTELS.com
> make your trip go further
> 호스텔닷컴
> www.Hostels.com

알아두면 좋은 푸켓 숙소 이용

1. 미리 해도 싸지 않다.
일정이 확정되고 비행기 표를 끊었으면, 숙소를 예약해야 한다. 임박해서 예약하면 같은 기간, 같은 객실이어도 비싼 가격으로 예약을 할 수밖에, 없다는 것이 호텔 예약의 정석이지만, 여행자들이 여행 일정에, 임박해 숙소 예약을 많이 하는 특성을 아는 숙박업소들은 일찍 예약한다고 미리 저렴하게 숙소를 내놓지는 않는다.

2. 후기를 참고하자.
호텔의 선택이 고민스러우면 숙박 예약 사이트에서 나오는 후기를 꼼꼼히 잘 읽어 봐야 한다. 특히 한국인은 까다로운 편이기에 후기도 우리에게 적용되는 면이 많으니 본인에게 맞는 숙소를 고르는데, 많은 도움이 된다.

3. 미리 해도 무료취소 기간을 확인해야 한다.
미리 호텔을 예약하고 있다가 여행이 취소된다든지, 다른 숙소로 바꾸고, 싶을 때 무료취소가 아니면, 환불 수수료를 내야 한다. 무료취소 기간에 취소해야, 일정변경에 따른 추가 경비를 지불 하지 않을 수 있다.

4. 선풍기인지? 에어컨이지? 꼭 확인하자.
태국은 더운 나라이기 때문에 냉방 시설을 갖추고 있다. 시설은 좋지만, 가격이 싼 숙소가 나와서 예약을 하면 선풍기(Fan)로 표시된 숙소를 종종 발견할 수 있다. 여름에 덥고 습한 경우가 많아서 에어컨이 있는 숙소를 추천한다. 쉴 때 잘 쉬어야, 여행을 잘할 수 있는 법이다.

5. 보증금(Deposit)을 꼭 챙기자.
숙소에 따라 보증금을 받는 숙소가 있다. 각종 기물 파손이나 체크 아웃이 늦을 시 보증금에서 차감하는, 경우가 있다. 컵부터 침대까지 손상을 입히면 변상을 해야 한다. 각 품목에 대한 변상금을 객실에 비치해 뒀다. 아무 문제가 없으면, 체크아웃할 때 돌려준다.

6. 귀중품은 본인이 잘 관리하자.
아무리 좋은 호텔이나 숙소라도 객실에 돈이나, 귀중품을 눈에 보이는 곳에 두고, 외출하는 경우를 삼가면 된다. 본인이 항상 가지고 다니는 게 제일 좋지만, 부득이 한 경우에는, 객실이나 호텔에 비치된 안전 금고를 꼭 이용하자.

푸켓 여행 물가

푸켓 여행에서 큰 비중을 차지하는 것은 항공권과 숙박이다. 항공권은 한국에서도 저가 항공이 취항하고 있으므로 미리 알아보면 저렴하게 구할 수 있다.

숙박은 저렴한 호스텔이 원화로 10,000원대부터 있어서 항공권만 빨리 저렴하게 구하면, 숙박비는 큰 비용이 들지 않는다. 하지만 좋은 호텔이나 리조트에서 머물고 싶다면 훨씬 더 비싼 비용이 든다.

▶**왕복 항공료** | 26~90만 원
▶**숙박비(1박)** | 1~30만 원
▶**한 끼 식사** | 4천~5만 원
▶**교통비** | 1천~2만 원

구분	세부 품목	3박 4일	6박 7일
항공권	저가 항공, 대한항공(왕복)	260,000~900,000원	
공항에서	버스, 택시 (왕복)	12,000~64,000원	
숙박비	호스텔, 호텔, 리조트(1박)	10,000~300,000원	
식사비	한 끼	4,000~50,000원	
시내교통	택시, 로컬버스	8,000원	
투어비	각종 입장료	20,000원~50,000원	
		약 620,000원~	약 980,000원~

푸켓 여행 계획 짜는 비법

1. 주중 or 주말
푸켓 여행도 일반적인 여행처럼 비수기와 성수기가 있고, 요금도 차이가 난다. 7~8월, 12~2월의 성수기를 제외하면, 항공과 숙박 요금도 차이가 있다. 비수기나 주중에는 할인 혜택이 있어 저렴한 비용으로 조용하고 쾌적한 여행을 할 수 있다. 주말과 국경일을 비롯해 여름 성수기에는 항상 관광객으로 붐빈다. 황금연휴나 휴가철 성수기에는 항공권이 매진되는 경우가 허다하다.

2. 여행기간
푸켓은 세계적인 관광지답게 아름다운 비치와 훌륭한 리조트, 쇼핑센터가 있어서, 일반적인 여행 기간인 3박 4일의 여행 일정으로 모자란 곳이 푸켓이다. 푸켓 여행은 대부분 3박 4일이 많지만, 푸켓 근처 섬들을 여행하고 싶다면 적어도 10일 정도는 가야 한다.

3. 숙박
성수기가 아니라면 푸켓 숙박은 저렴하다. 숙박비는 저렴하고, 시설은 나쁘지 않다. 주말이나 숙소는 예약이 완료된다. 특히 여름 성수기에는 숙박은 미리 해야 문제가 발생하지 않는다.

4. 어떻게 여행 계획을 짤까?
먼저 여행 일정을 정하고 항공권과 숙박을 예약해야 한다. 여행 기간을 정할 때 얼마 남지 않은 일정으로 계획하면 항공권과 숙박비는 비쌀 수밖에 없다. 특히 동남아 지역은 항공료가 쉽게 상승한다.
저가 항공인 에어 아시아가 취향 하고 있으니, 저가 항공을 잘 활용하면 된다. 숙박 시설도 호스텔로 정하면 비용이 저렴하게 지낼 수 있다. 유심을 구매하면, 위치를 모를 때 구글맵을 사용하면 쉽게 찾을 수 있다.

5. 식사
푸켓 여행의 가장 큰 단점은 물가가 비싸다는 것이다. 그렇지만 길거리 노점상이나, 야시장에서는 비교적 저렴하게 먹을 수 있는 식당을 발견할 수 있다. 그래도 여행을 왔으니까 하루 한 끼 식사는 비싸더라도 제대로 식사를 하고, 나머지는 태국 사람들처럼 저렴하게 식사를 하면 적당하다. 빠통이나 푸켓 타운은 걸어 다닐 수 있어서, 식당을 찾아 가는데 굳이 교통비가 들지 않는다.

태국은 안전 한가요?

나 홀로 여행도 가능한 치안
태국은 동남아시아에서 가장 안전하다고 손꼽히는
치안이 좋은 국가이다. 혼자 여행하거나 여성이라
도 안심하고 여행할 수 있다. 물론 관광객을 노리는
소매치기 등의 사건은 발생하지만, 치안 때문에 여
행하기 힘들다는 이야기는 듣기 힘들 정도이며, 밤
에 돌아다녀도 위험하다고 생각하지 않는 여행자가
대부분이다.

숙소의 보이는 장소에 돈을 두지 말자.
호텔이든 호스텔이든 어디에서나 돈이 될 만한 물
품은 숙소의 보이는 곳에 놓지 말아야 한다. 금고가
있으면, 금고에 넣어두면 되지만, 금고가 없다면, 여
행 캐리어에 잠금장치를 하고 두는 것이 도난 사고
를 방지 할 수 있다. 도난 사고가 나면 5성급 호텔도
모른다고 하니까 본인 스스로가 조심하여야 한다.

슬립핑 버스에서 중요한 물품은 가지고 타야 한다.
슬립핑 버스를 타면 버스 밑에 짐을 싣고 탑승하는
데, 이때 가방이 없어지는 사고가 발생하기도 한다.
자신의 짐인지 알고 잘못 바꿔 가는 사고도 있지만,
대부분은 가방을 가지고 도망을 가는 도난 사고이
다. 중요한 귀중품은 몸에 가까이 두어야 계속 확인
이 가능하다.

지나친 호의와 친절은 경계하자.
태국에서는 오토바이를 타고 소매치기를 하는 방법
보다는 한국 사람인 것을 알고 한국 관련된 이야기
를 하며, 경계심을 풀게 한 다음, 한국 돈을 보여달
라고 한 후 돈을 가지고 도망가는 경우가 있다.
태국에서 소매치기를 당하면, 범인을 잡기도 어렵고,
도움을 받기도 쉽지 않으므로 항상 조심해야 한다.

환전

태국 통화는 '밧THB'으로 1밧이 약 38원이고, 자주 환율이 조금씩 변화되고 있다. 우리나라에서는 주요 시중 은행에서 환전은 가능하나 환전 수수료가 비싼 편이다. 우리나라에서 환전하는 것보다, 달러로 환전한 후에 끄라비에서 달러를 밧THB으로 바꾸는 것이 가장 편리하고 환전률도 유리하다. 공항환전소에서 하는 것보다 시내 사설 환전소를 이용하는 것이 환전율이 좋으니, 공항에서 시내까지만 사용할 최소한의 밧THB만 환전하자.

미국 달러로 환전해 가는 여행자가 의외로 많다. 우리나라에서 미국 달러를 환전한 후 태국 현지에 도착해 달러를 밧THB으로 환전하는 것이 금전적으로 약간의 이득을 보기 때문이다. 달러 환전은 환율 우대를 각 은행에서 받을 수 있고, 사이버 환전을 이용하거나 각 은행의 어플리케이션을 사용하면 최대 90%까지 우대를 받을 수 있다. 환전할 때마다 이득을 보므로 태국에서는 사용하는 금액이 많다면 달러로 반드시 환전해야 한다.

소액을 환전할 경우 원화에서 밧(THB)으로 바꾸거나, 원화에서 달러로 바꾸었다가 밧(THB)으로 바꾸어도 큰 차이가 나는 것은 아니다. 또한 태국 현지에서 환전이 가장 쉽고 유통이 많이 되는 100달러를 선호하기 때문에 100달러로 환전해 태국여행을 하는 것이 최선의 방법이다.

1$의 유용성

태국여행에서 호텔이나 마사지 숍을 가거나 택시 기사 등에게 팁을 줘야 할 때가 있다. 이때 1$을 팁으로 주면 태국 B(밧)으로 줄 때보다 더 기쁘게 웃으면서 좋아하는, 태국인들을 보게 된다. 그만큼 태국에서 가장 유용하게 유통이 되는 통화는 미국 달러이다.

태국 여행경비를 모두 환전해야 하나요?

태국에서 사용하는 여행경비는 실제로 가늠하기가 쉽지 않다. 왜냐하면 다양한 목적으로 태국을 방문하는 관광객이 너무 많아서 그들이 사용하는 경비는 개인마다 천차만별로 달라지고 있다. 하지만 사용할 금액이 많다고 태국 밧으로 두둑하게 환전하는 것은 좋지 않다. 남아서 다시 인천공항에서 원화로 환전을 하면, 환전 수수료 내고 재환전 해야 하므로 손해이다. 그러므로 달러를 바꾸었다가 필요한 만큼 현지에서 환전하면서 사용하는 것이 최선의 방법이다.

어디서 환전을 해야 하나요?

태국여행에서 환전을 어디에서 해야 하는지 질문하는 사람이 많다. 태국은 공항 환전율이 좋지 않다. 그러므로 공항에서는 숙소까지 가는 비용이나 하루 동안 사용할 금액만 환전하고, 다음날 시내 환전소에 환전하는 것이 좋은 방법이다.

시내의 환전소는 매우 많다. 또한 환전하고 밧으로 돈을 받으면 반드시 맞게 받았는지, 그 자리에서 꼭 확인해야만 한다. 시내 환전소에서 환율을 높게 쳐주었다고 고마워했는데 실제로 확인을 안 했다가, 적은 금액을 받았다면 아무 소용이 없을 것이다. 그런데 이런 일은 자주 일어나는 소액사기의 한 방법이므로 반드시 환전하고 확인하는 습관을 갖는 것이 좋다.

ATM 사용

가지고 간 여행경비를 모두 사용하면 ATM에서 현금을 인출 할 때가 있다. 신용카드나 체크카드 모두 출금이 가능하다. 인출 하는 방법은 세계 어디에서나 동일하므로 현금 인출기에서 영어로 언어를 바꾸고 나서 인출 하면 된다. 수수료는 카드마다 다르고 금액과 상관없이 1회 인출 할 때마다 수수료가 같이 빠져나간다. 태국에서 오래 머물게 되면 적당한 금액만 환전하고, 현금 인출 기에서 필요한 금액을 인출 해 사용하는 것이 더 요긴할 때가 많다. 도난 사고도 방지하고, 생활하는 것처럼 아끼면서 사용하는 것이 환전 이득을 보는 것보다 적게 경비를 사용할 수 있어 장기 여행자는 환전보다 인출 하는 것이 좋은 방법이다.

ATM 수수료 적게 내는 Tip

태국에서 보통 체크카드나 신용카드로 현금을 인출하면, 건당 220B(약 8,500원)정도가 수수료로 빠져나간다. 한국에 비하면 상당히 큰 금액이다.
한국에서 ExK 해외 현금 인출 서비스가 가능한 카드를 발급받고, 현금 인출 하면, 네트워크 수수료 1%가 면제되고, 자동 환율 우대 30%가 적용되기 때문에 유학생이나 장기 여행자들이 많이 사용하고 있다. 태국 현지 수수료 건당 50B만 빠져나간다.
우리은행 ExK를 가지고 태국 Kasikorn Bank(KBank)에서 현금을 인출 하면, 별도의 수수료 없이 돈을 찾을 수 있다.

▶카드 발급 가능 은행
국내은행_ 신한은행(EXK 글로벌 IC 현금카드)
          우리은행(우리ONE 체크카드)
          하나은행(국내직불카드)
          시티은행(현금카드(해외 사용등록)

▶카드 사용 국가
미국, 필리핀, 말레이시아, 베트남, 태국, 인도네시아

▶태국 이용 가능 은행
SCB, TMB, UOB, Krungthai Bank(KTB), ThanachartBank, Kasikorn Bank(KBank),
Bangkok Bank PCL(BBL)

▶ExK 이용가능 카드 조회
http://exk.kftc.or.kr/service/card/card_main.jsp
(현재 가지고 있는 카드가 ExK 카드인지 조회 할 수 있다.)

▶홈페이지 www.exk.kftc.or.kr

심 카드(Sim Card)

태국은 휴대폰 요금이 저렴해서 4G 심 카드를 사면, 체류 기간
에 맞게 무제한 데이터를 이용할 수 있어서 편리하다. 기간이
끝나면 휴대폰 매장이나, 세븐 일레븐, 패밀리마트등 편의점에
가서 본인이 이용하는 통신사와 충전금액을 말하면 충전 서비
스를 해준다. (세븐 일레븐에서는 AIS 통신사는 충전이 안 된다.)
방콕으로 도착하는 여행객들은 국내에서 신청하고 태국공항에
서 심 카드를 수령 하는 방법을 선호하고 있다. 가격도 저렴하
고 추가 데이터나 통화시간을 주는 행사도 많이 한다.

무제한 데이터

대한민국에서 신청하고 오는 관광객은 도착 즉시 휴대폰을 켜면 무제한 데이터를 사용할
수 있고, 문자가 자신의 휴대폰으로 발송이 되므로 이상 없이 사용 할 수 있다. 예전처럼
무제한 데이터를 사용해도, 많은 금액이 자신에게 피해가 되어 돌아오지 않기 때문에, 걱
정할 필요가 없게 되었다. 하루 동안 무제한 사용할 수 있는 금액이 매일 10,000원 정도였
지만, 하루 동안 통신사마다 태국 무제한 데이터 사용금액이 달라졌기 때문에 사전에 확인
하고 이용하는 것이 좋다.
심 카드 사용은 무제한 데이터로밍보다 저렴하다는 장점이 있지만, 단점은 한국에서 사용
하던 휴대폰 번호를 사용할 수 없고, 태국에서 사용하는 새로운 번호를 받아서 사용하기
때문에 한국에서 문자와 전화는 받을 수 없다는 것이다.

태국 주재 한국대사관

■ 근무시간
월~금요일 : 08:30~12:00, 13:30~17:00
토, 일요일과 주재국 공휴일 및 한국의 3.1절, 광복절, 개천절, 한글날은 근무하지 않는다.

■ 주소
Embassy of the Republic of Korea 23 Thiam-Ruammit Road, Ratchadapisek,
Huai-Khwang, Bangkok 10310 Thailand

■ 전화
대사관 전화번호 : (662) 247-7537~39
영사과 전화번호 : (662)247-7540~41, (662)247-2805/ 2836 / 3225

■ 비상 연락처
당직 전화 (긴급연락처, 24시간) : 66-81-914-5803
영사 콜 센터 (서울, 24시간) : 82 2 3210 0404
현지병원: 사미티벳 병원 (수쿰빗49) : 02-711-8181, 팔람9 병원: 02-202-9999
현지 경찰: 1155
재태 한인회: 02-255-9711

태국어로 한국대사관은 "싸탄툿 까올리 따이" 라고 하며, 주소는 "소이 티얌 루엄 밋, 타논
라차다피섹, 후어이 꽝, 방콕"라고 말하면 된다.

■ 태국어로 된 대사관 주소
สถานทูตเกาหลีใต้ประจำประเทศไทย
(เข้าซอยเดียวกับศูนย์วัฒนธรรมแห่งประเทศไทย)
เลขที่ 23 ถนน เทียมร่วมมิตร รัชดาภิเษก ห้วยขวาง กรุงเทพฯ 10310
ติดต่อ: โทร. 02 - 247-7537~39

태국내 외국인 관광객이 당하기 쉬운 사기 유형

한국 돈 사기

길을 가다가 중동, 아랍, 인도계열의 사람이 다가와 친절하게 말 걸고, 조만간 한국에 여행을 간다면서, 한국 돈 종류가 어떻게 되냐? 오만원권은 무슨 색이냐? 뭐가 그려있냐? 하면서 지갑을 꺼내게 만들고, 보여주려고 지갑을 꺼내면 그 순간 갖고 달아나는 수법을 쓴다. 모르는 사람에게 절대 지갑을 보여주지 말아야 하고, 갑자기 친한 척하고 말

을 많이 하는 사람은 경계해야 한다. 경찰에 신고해도 잡을 확률이 거의 없다.

잔돈 사기

세븐 일레븐이나 패밀리마트에서 물건을 사고 1,000B을 내면, 포스에는 900B만 찍고, 거스름돈에서 100B를 빼고, 안 돌려주는 경우이다. 거스름돈을 자세히 확인 안 하고, 돈 단위를 혼동하는 관광객들에게 많이 하는 행동이다. 태국은 대부분 상점에서 영수증을 발급하니까 꼭 영수증에 나오는 금액을 확인해야 한다.

제트스키

파타야, 푸켓 같은 유명 해변에서 제트스키를 빌리고, 반납할 때 각종 흠집이나, 손상됐다고 하면서 말도 안 되는 수리비를 요구하는 경우이다. 요구를 들어주지 않으면 제복을 입은 가짜 경찰이 나타나서 경찰서로 가자고 협박을 하며 위협한다.
엄청난 금액을 요구하기 때문에 개인이 현장에서는, 감당할 수가 없다. 만약 이런 경우

가 생기면 즉시 관광 경찰을 불러야 한다.
(전화 1155)
제트스키 빌릴 때는 절대 여권을 맡기지 말고, 미리 휴대전화 등을 이용하여 스크래치나 손상 가능성 있는 부위를 카메라로 촬영해 두어야 하며, 특히 손상 부위는 근접촬영 해서 증거로 남겨두어야 한다.

장거리 시외버스

방콕에서 치앙마이나 푸켓으로 장거리 시외
버스를 이용할 때 소지품 분실 또는 도난 사
례가 발생하고 있다. 일부 승객은 운전사가
권하는 음료수 등을 먹고 잠이 들었거나, 새
벽에 잠을 자는 동안 돈이나 귀중품을 몰래
훔쳐가거나, 짐칸에 놓은 가방을 열어서 귀
중품이나 물건을 훔쳐가는 경우가 있다. 장
거리 시외버스 이용할 때는, 돈이나 여권은
몸 밖으로 드러나지 않는 곳에 보관하고 타는 게 최고의 예방 방법이다.

택시 사기 1

택시를 타고 원하는 식당을 말하면 택시 기사가 그 식당은 저녁 늦게 문을 연다거나, 지금
은 영업이 끝났다고 하면서, 자기가 아는 식당을 데려다준다. 거리도 그리 멀지 않은 식당
에 데려다주면서 요금으로 터무니없는 금액을 부르고, 식당과 짜고 밥값도 터무니없는 가
격을 부른다. 요금을 못 내겠다고 하면, 밖에는 험악하게 생긴 현지인들이 불러 협박을 가
한다.
되도록 밤에는 모르는 낯선 곳에 가지 말고, 바로 관광 경찰을 불러야 한다.

택시 사기 2

택시에서 관광객들이 태국 지폐에 익숙하지 않은 것을 악용하여 고액권(500B 또는
1,000B) 지폐를 받고 나서, 그보다 적은 액면의 지폐(100B)를 받은 것처럼 속여 거슬러 주
거나, 아예 거스름돈 자체를 맞지 않게 돌려주는 경우가 있다. 고액권 지폐 사용할 때 주의
하고 잔돈은 현장에서 기사가 보는 가운데에서 확인하는 것이 바람직하다.

택시 사기 3

목적지를 말하고 택시를 타면, 미터기를 켜지 않고, 타자마자 한국에 대해 정신없이 이야기를 계속하면서, 목적지에 도착하면 미터기는 켜지도 않고, 터무니없은 금액을 요구한다. 택시를 탈 때는 꼭 미터기가 켜져 있는지 확인하고, 구글맵으로 이동 경로가 맞는지 확인하고, 유난히 말 많은 택시 기사는 의심해야 한다.

뚝뚝 사기

동행이 있는 경우에 금액을 협상하고, 목적지에 도착하면 동행 포함 가격이 아니라 1인당 요금이라고 하면서, 200B 거리를 동행 1인당 금액을 내라고 하는 경우가 있다. 뚝뚝 기사와 처음부터 몇 명에 얼마로 확정해서 협상을 보고 타야 한다.

한국인 사기

길을 가다가 한국인인 걸 알아보고, 지갑을 잃어버려서 급하게 소액이 필요하다고 빌려달라고 한다. 연락처와 계좌번호를 알려주면 바로 보내주겠다고 하고 돈을 건네주면, 그 후엔 연락을 주지 않는다. 낯선 한국인이 돈을 빌려 달라거나, 태국 밧을 주면, 달러로 바꿔준다고 한다면, 한 번쯤 의심해 보는 것이 좋다.

▶관광 경찰 (전화 국번 없이 1155, 영어 가능)
▶주태국 한국대사관 영사과 02-247-7540/7541(평일 08:30~16:30),
　야간긴급전화 081-914-5803(야간 및 주말, 공휴일)

태국 대표 축제

태국은 관광 대국답게 다양한 축제가 연중 내내, 각 지역에서 개최되고 있다. 이중에는 세계적으로 유명한 축제도 있다. 축제는 불교, 농업, 태국 왕실과 깊은 관련을 맺고 있다.

날짜	축제	의미	지역
2.6~8	꽃 축제	치앙마이에서 열리는 꽃 축제	치앙마이
3.1	마카푸차	부처의 설법을 듣기 위해 제자들이 모인 날	태국 전역
4.11~19	파타야 축제	파타야에서 열리는 가장 큰 행사	파타야
4.13~15	송크란 축제	태국 전통 새해를 기념하는 물 축제	태국 전역
5.8	로얄플로잉	풍년을 기원하는 행사	방콕
5.17	비사카푸자	부처의 탄생, 득도 및 열반을 기념한다.	태국 전역
8.12	왕비탄신일	왕비 탄신일을 기념하는 날	태국 전역
10.2~10	채식주의자 축제	중국계 주민들이 10일 동안 채식을 하는 행사	키옹 이아
11.14~15	코끼리 축제	100여 마리의 코끼리가 참여하는 행사	수린
11.20~22	러이 끄라통	죄의 용서와 개인적인 소원을 비는 행사	태국 전역
12.5	국왕탄신일	푸미폰 국왕 탄신일을 기념하는 행사	태국 전역
12.10	제헌일	1932년 최초로 헌법을 제정한 날	가능
12.31	연말	매년 마지막 날은 공휴일	가능

이외에도 다양한 축제가 태국 전역에서 열리고 있다.

쏭크란 축제(Songkran)

유래

세계 10대 축제에 들어갈 만큼 전 세계에서
유명한 축제이다. 쏭크란에 참가하기 위해
서 태국을 방문하는 관광객들도 많다. 쏭크
란은 태국 전통 설날로 우리나라 구정과
같이 큰 명절이다. 그 기간에는 멀리 떨어
져 있는 가족들도 고향을 방문해서 가족,
친지들과 함께 명절을 보낸다. 쏭크란은 원
래 불상에 물을 뿌리거나, 서로의 손에 물

을 흘려 정화를 하는 행사가 현재까지 이어져 축제가 된 것이다. 현재는 축복을 기원하는
뜻에서 서로에게 물을 뿌리는 행사로 유명해졌다.
4월은 건기 막바지로 1년 중 기온이 가장 높은 시기이다. 이 무더위를 식히기 위해, 서로
물을 뿌려준다는 의미도 있다. 쏭크란 축제가 다가오면 태국 전 지역은 그야말로 축제의
도가니이다. 남녀노소, 물총, 세숫대야, 양동이 등 물을 담을 수 있는 온갖 도구가 동원된
다. 심지어 풀장을 준비하기도 한다. 물을 뿌리고, 맞는 행위가 서로의 복을 염원하는 의미
가 있어서, 서로 웃으면서 기꺼이 맞아준다. 지역에 따라 기간을 연장해서 축제를 즐기기
도 한다.

쏭크란 즐기는 tip
1. 옷과 신발을 챙기자.
커다란 실외 수영장에 간다고 생각하자. 물에 적어도 되는 옷과 속옷 대신 수영복을 입거나 레시가드를 입는 것이 좋다. 바닥이 온통 물바다여서 미끄러울 수 있으니 아쿠아 슈즈나 스트랩 샌들을 꼭 챙기자

2. 고글이나 선글라스를 준비하자.
물을 제대로 뿌리고 싶으면, 눈을 보호해야 한다. 선글라스를 끼는 것보다는 투명 고글이나 투명 눈 보호 안경을 준비해가서 쓰는 게 좋다.

3. 방수 가방, 방수 팩은 필수다.
온몸이 젖으니 휴대폰이나 돈은 꼭 방수 가방이나 팩에 보관해야 한다.

4. 중요 귀중품은 숙소 금고에 보관하자.
워낙 사람들이 많고 혼잡한 틈을 타서 소매치기 범죄가 발생하니, 지갑, 휴대폰, 카메라는 각별한 주의가 요구된다. 돈은 교통비 정도만 가지고 나오고 나머지는 숙소 금고에 보관하여야 한다.

5. 관광지, 왕궁, 음식점 휴무 확인하자.
태국 최대의 축제이니만큼 쏭끄란 기간에는 왕궁, 관광지, 음식점들이 문을 닫는 경우가 많이 있으니, 꼭 영업일을 확인하자

6. 대중교통을 이용하자
축제 기간에는 태국 전역에 교통 체증이 극심하다. 축제 지역의 교통을 통제하기 때문에 대중교통도 쉽지는 않다. 숙소를 축제 지역 가까운데 잡거나, 걸어서 가는 법도 고려해야 한다.

주의 사항
1. 태국 스님에게 물을 뿌리는 행위는 금지되어 있다.
2. 일행들과 떨어질 상황에 대비해, 만나는 장소를 미리 정해 둔다. 숙소, 숙소 근처 편의점으로 장소를 정하는 게 좋다.
3. 축제 기간이니만큼 물을 아무리 맞아도 화를 내지 않는다. 웃음으로 맞아주길 바란다.

러이 끄라통(Loi Krathong)

유래

러이Loy는 태국어로 '떠나보내다', 끄라통Krathong은 '바나나 잎으로 만든 작은 바구니'를 뜻한다. 즉 러이 끄라통은 강에 작은 등불을 띄우며 고대 물의 신에게 경의를 표하던 전통에서 유래한 행사이다. 태국력으로 매년 12월 보름에 열린다.

우리가 잘 알고 있는 러이 끄라통은 치앙마이 러이 끄라통 축제로 소원을 담은 등불을 하늘로 날려 보내는 이삥Yee Peng/Yi Peng축제 이다. 가장 전통적인 러이 끄라통을 보려면 수코타이에서 열리는 축제를 방문하면 된다.

〈수코타이〉
러이 끄라통 & 촛불 축제
▶ 장   소 | 수코타이, 수코타이 역사공원
▶ 이벤트 | 끄라통 행렬, 촛불 축제, 불꽃 쇼, 민속춤

〈방콕〉
지역별 러이 끄라통 축제
▶ 장   소 | 방콕, 차오프라야 강변
▶ 이벤트 | 미인 선발대회,
              끄라통 콘테스트, 전통연극, 공연

〈치앙마이〉
이삥 축제
▶ 장   소 | 치앙마이, 타패 게이트, 삥 강 주변
▶ 이벤트 | 등불 날리기, 태국 전통 공연, 불꽃 축제

〈아유타야〉
땀 쁘라팁 페스티벌 축제
▶ 장   소 | 방사이 왕립 민속예술 & 수공예 센터
▶ 이벤트 | 태국 음식 축제, 수상 시장, 보트 경주

푸켓 축제

채식주의자 축제

1825년 시작된 푸켓의 대표적인 축제이다. 주석 광산의 중국인들에게 말라리아로 인한 열병이 유행하였는데, 위문 공연하러 간 공연단이 단체로 말라리아에 걸렸다. 채식하면서 신에게 기도를 드린 후에 병에서 회복하였다고 한다. 이를 기념하기 위해 신들을 위한 성대한 축제를 열고 있다.

축제 기간 채식으로 몸과 마음을 비운다고 한다. 축제의 하이라이트는 신들을 깨우는 의식의 하나로 불 위를 걷거나, 쇠꼬챙이로 양 뺨을 뚫는 등 다소 엽기적인 장면들을 볼 수 있다. 축제의 마지막으로 불꽃놀이를 하는데 매년 사망사고가 발생할 정도로 무분별하게 한다. 어린이들이나 심신이 약한 분들에게는 절대 추천하지 않는다.

일정_ 매년 음력 9월 1일~9일

푸켓 킹스컵 레가타(Phuket King's Cup Regatta)

아시아에서 가장 권위 있는 요트대회인 푸켓 킹스컵 레가타에 세계 각국에서 참가한 참가자들이 푸켓의 서해안에서 5일간의 다양한 행사를 펼친다.
푸켓 킹스컵 레가타 대회는 매년 12월 첫째 주 안다만 해^{Andaman Sea}에서 열리며 태국 국왕의 생일 기념해 만들어진 요트대회. 매년 약 90개의 요트와 2,000명의 선원이 참여한다.

일정_ 12월 첫째 주

빠통 카니발 축제(Patong Carnival Festival)

푸켓의 중심인 빠통에서 태국 관광 성수기의 시작을 알리려고 2006년 12월부터 해마다 개최를 해오는 빠통 최고의 축제다.
축제는 화려한 의상의 퍼레이드로 시작을 알린다. 다양한 라이브 음악, 태국 전통공연 등 다양한 행사를 진행한다. 빠통 해산물 축제Patong Seafood Festival와 함께 해서 그 규모가 해마다 커지고 있다.

위치_ 1월 초

포르 토르 축제(Por Tor Festival)

조상들과 후손이 없는 조상들을 위한 축제로 특별한 음식과 꽃을 붉은 거북이 케이크를 조상들의 상에 받친다.
밀가루와 설탕으로 만든 다양한 크기의 붉은 거북이 케이크는 장수의 상징이고 붉은 색은 행운을 의미를 가지고 있다. 축제 기간에는 다양한 규모의 퍼레이드를 푸켓 전역에서 실시한다.

일정_ 8월

푸켓의 여행의 필수품

1. 모자
모자 따가운 햇볕이 항상 비추는 푸켓은 관광지가 대부분 그늘을 피할 곳이 많지 않다. 그러므로 미리 모자를 준비해 가는 것이 얼굴도 보호하고 두피도 보호할 수 있다.

2. 우산
우산 대표적인 관광지인 푸켓은 바다를 끼고 관광지가 형성되어 있다. 여행하면서 스콜을 만나기도 하고 따가운 햇볕을 맞으면 피부가 화끈거리기도 한다. 대부분의 관광지는 그늘이 없어서 우산을 가지고 가면 햇볕이 뜨거우면 양산으로 사용하고 비가 오면 우산으로 사용하면 된다.

3. 긴소매 옷과 긴 바지
긴소매 옷과 긴 바지 햇볕에 매일 노출되는 여행자는 피부를 보호하는 것이 좋다. 햇볕에 너무 노출이 심하게 되면 벗겨지기도 하고 저녁에 따갑거나 피부 때문에 잠을 자기 힘들 수도 있다.

4. 알로에
알로에 피부 온도를 내려주는 알로에는 동남아시아에서 많이 파는 상품 중의 하나로 미리 준비하면 좋다. 따갑거나 벗겨졌을 때 바르면 피부를 보호도 하고 따가움을 완화 시킬 수 있다.

태국 여행시 주의 사항과 대처방법

왕실에 대해 함부로 말하지 않는다.
태국은 왕이 현존하는 국가로 왕실에 대한 존경과 믿음이 대단하다. 태국인들 앞에서 함부로 왕실에 대해 나쁘게 이야기하거나, 왕실과 관련된 물건, 사진을 함부로 대하면 굉장히 화를 낸다.
식당, 일반 가정집, 도로에도 국왕 사진이나 왕비 사진이 걸려 있을 만큼 왕실은 절대적이 존재이다. 태국인에게 왕실은 범접할 수 없는 영역이다. 태국 지폐에는 전통적으로 국왕의 얼굴이 인쇄되어 있는데, 이런 지폐를 훼손하거나 밝는 행위는 범죄로 간주 된다.

여자는 스님과 접촉하지 않는다.
태국은 전체 인구의 95% 이상이 불교도인 나라이다. 불교가 경제, 사회, 문화에 지대한 영향을 미치고 있다.
종교적으로 여성은 스님과 접촉이 허용되지 않는다. 사원에서도 여성들에게는 복장에 대해 엄격하고, 물건을 주고, 받을 때도 접촉하면 안 된다.

머리를 쓰다듬지 않는다.
태국인에게 머리는 영혼이 깃든 곳이라는 생각이 강하다. 그래서 어린아이 머리도 함부로 쓰다듬으면 안 된다. 우리나라에서 하듯이 하면 안 된다. 혹시 모르고 만졌다면 바로 사과해야 한다. 머리를 만질 수 있는 사람은 종교적 의식을 행하는 스님뿐이다.

왼손을 사용하지 마라.
태국에서 왼손은 화장실에서 사용하는 손이라는 인식이 있다. 그래서 왼손으로 악수를 하거나 물건을 건네주면 대단히 실례가 되는 행동이다. 돈을 주거나 받을 때 꼭 오른손을 이용하는 게 좋다.

발을 함부로 놀리지 마라.
발은 신체 부위 중 가장 낮은 취급을 받는다. 발길질을 하거나, 발로 물건을 밀어서 주는 행동은 상대방을 업신여기는 행동으로 여긴다.

알아두면 유용한 팁

1. 물
태국 물에는 석회질 성분이 있어서, 마시는 물은 생수를 마셔야 한다. 석회질 성분이 함유되어 있어서 배앓이를 심하게 하는 경우가 많다. 음식점에서 나오는 물을 먹지 말고, 꼭 생수를 사서 먹는 게 좋다. 피부가 민감한 사람은, 샤워하는 경우, 트러블이 일어날 수 있으니, 필터가 있는 샤워기를 준비해가서 사용하는 것도 좋은 방법이다.

2. 술
태국은 주류 판매에 대해 엄격하다. 판매 허용시간(11:00~14:00, 17:00~24:00)도 정해져 있고, 공휴일이나 왕실 관련 행사가 있는 날에는 종일 술을 팔지 않는, 경우도 있다. 애주가 분들은 미리 알아보는 게 좋다.

3. 총
여행객들이 잘 모르지만, 태국은 합법적으로 개인의 총기 소유가 허용되는 나라이다.
태국민들은 자존심이 굉장히 세다. 만약 타인에게 자존심에 상처받는다면, 예기치 않는 불상사로 이어질 수도 있으니, 태국에서는 항상 그들의 문화와 상황을 존중해야 한다. 사고가 나면 손해는 여행객만 입는다.

4. 담배
올해부터 태국 정부는 태국 유명 해변에서 담배를 피우다 걸리면 최대 1년 이하의 징역이나 10만 B(약 380만 원) 벌금 등 강력한 처벌을 한다고 발표했다.
금연 지역으로 선정된 곳은 푸켓의 빠통, 파타야, 사무이섬등 20개 지역이다. 인근 해변을 여행한다면 꼭 표지판을 보고, 흡연은 삼가야 한다.

5. 화장실
태국은 화장실 이용 후 뒤처리를 물과 손으로 한다. 그래서 화장실에 휴지가 없는 경우가 많으니 휴지는 항상 휴대해야 한다. 야시장이나, 버스 휴게소에서는 비용을 받기도 하니까 잔돈이 있으면 유용하게 사용 할 수 있다.

태국여행 전 꼭 알아야 할 태국 이동 수단

태국에는 다양한 교통수단이 존재한다. 교통수단에 맞게 잘 이용하면, 목적지에 저렴하고, 빠르게 이동 할 수 있다. 우리나라에서는 없는 교통수단도 있어서, 여행 전에 미리 알아두는 게 좋다.

1. 택시

태국 전 지역에서 쉽게 만날 수 있는 교통수단이다. 우리나라와 같이 눈에 띄는 색으로 되어 있어서, 큰길가나 골목길에서도 볼 수 있다. 택시는 기본적으로 미터제로 요금이 책정된다. 방콕이나 치앙마이 같은 대도시 경우에만 미터기로 운행하고, 푸켓, 코사무이 같은 경우에는 터무니없이 비싼 정액제로 운행하는 곳이 많다.

2. 썽태우

작은 트럭을 개조해서 짐 싣는 곳 양쪽에 간단한 의자를 설치해서 손님을 태운다.
지역에 따라 특정 경로를 버스같이 왕복하는 썽태우도 있고, 택시와 같이 원하는 목적지를 말하고 가격을 협상하면 태워 주기도 한다. 자리가 불편하고 에어컨이 없어서, 주로 가까운 곳에 가기 위해 탄다. 정확한 이동 경로를 모르는 여행객들은 타기가 쉽지 않다. 주로 현지인들이 많이 탄다.

3. 뚝뚝

태국 도착하면 제일 신기하게 보는 교통수단이다. 택시가 나오기 전부터 태국인들의 이동을 책임져온 전통적인 교통수단이다. 현재는 택시, 썽태우에 밀렸지만, 주요 도시에서는 관광객을 대상으로 영업을 한다. 요금도 정확하지 않고, 시원하지 않기 때문에 경험 삼아 이용하는 정도이다.

4. 오토바이 택시

태국 전 지역에서 제일 쉽게 볼 수 있는 교통수단이다. 눈에 띄는 원색의 조끼를 입고 있다. 길을 가다가 거리에 있는 조끼를 입고 오토바이를 세우고, 목적지를 말하면 된다. 주로 혼자 이동할 때 많이 이용한다. 교통 체증이 심한 곳이나, 출퇴근 시간에 이용하면 저렴한 가격에 빠르게 목적지까지 이동 할 수 있다.

5. 시내버스
방콕에 가장 많은 노선이 있고, 치앙마이에는 최근에 몇 개의 노선이 생겼다. 우리나라 같이 버스 카드로 승차 가능한 버스도 있지만, 주로 현금을 받는 사람이 따로 있다.

6. 장거리 노선버스
태국은 우리나라의 국토 면적의 약 2.3배이다. 면적 뿐만 아니라 북쪽에서 남쪽까지 길이도 길다. 단거리 노선부터 장거리 노선까지 다양하게 잘 발달 되어 있다. 버스 시설에 따라 금액이 많이 달라진다. VIP버스에는 안내양이 따로 있고, 식사 및 간식도 제공해 준다. 화장실도 버스에 있다.

자동차, 오토바이, 자전거, 전동 킥보드 렌트하기

자동차
자동차를 렌트 하면, 이동 거리가 늘어나고, 도시 간 이동도 자유롭게 할 수 있어서, 가족 단위 여행객들이 렌트를 선호한다. 공항에 도착하면 다양한 회사에서 자동차 렌트를 해주고, 브랜드가 있는 회사는 한국에서 예약하고 가면 도착 즉시 이용이 가능하다.
탑승 전에 스크래치, 예비 타이어와 공구 위치도 확인해야 한다. 태국은 우리나라와 반대 방향으로 운전하기 때문에 운전 시 항상 유념해야 한다.

92

오토바이

태국에서 오토바이 운전을 배웠다는 말이 있을 정도로, 태국 유명 관광지에서 많이 렌트해서 이용하는 교통수단이다. 푸켓, 파타야, 끄라비 같은 경우에는 택시나 썽태우 값이 비싸서 여행객들은 오토바이 렌트를 많이 한다. 헬멧 착용과 국제 운전 면허증은 꼭 소지하고 다녀야 한다. 경찰의 불심 검문에 적발되면 1회 500B의 벌금을 물어야 한다.

주로 외국인 관광객들을 대상으로 단속하기 때문에 준비를 철저히 해야 한다. 빌릴 때 오토바이 상태를 체크 하고, 오토바이 전체 사진을 찍어두도록 한다. 그렇지 않으면 반납할 때 문제가 발생할 수 있고, 주차장에서 찾기 쉽지가 않다. 오토바이도 지정된 곳에 주차해야 한다. 견인 당하면 벌금에, 견인비까지 지불해야 한다.

자전거 렌트

치앙마이, 수코타이같이 언덕이 별로 없는 역사 도시에서는 자전거 렌트도 좋다. 비용도 저렴하고 운동도 되니 일석이조의 효과를 거둘 수 있다. 오토바이 렌트 해주는 곳이나 숙소에서 렌트 할 수 있고, 보증금을 걸거나 여권을 맡기면 된다.

전동 킥보드 렌트

치앙마이나 대도시의 경우 전동 킥보드를 사용할 수 있다. 인도나 도로에 주차된 전동 킥보드 회사의 어플리케이션을 깔고, 카드를 등록한 다음 주차된 전동 킥보드의 바코드를 스캔하면 잠금이 풀려서 사용 할 수 있다. 1일권, 1주일권, 1달권 등 다양하게 가격이 책정되어 있다. 사용 시간을 넘기는 경우 추가 요금이 부과된다.

태국 남부 한 달 살기

솔직한 한 달 살기

요즈음, 마음에 꼭 드는 여행지를 발견하면 자꾸 '한 달만 살아보고 싶다'는 이야기를 많이 듣는다. 그만큼 한 달 살기로 오랜 시간 동안 해외에서 여유롭게 머물고 싶어 하기 때문이다. 직장생활이든 학교생활이든 일상에서 한 발짝 떨어져 새로운 곳에서 여유로운 일상을 꿈꾸기 때문일 것이다.

최근에는 한 달, 혹은 그 이상의 기간 동안 여행지에 머물며 현지인처럼 일상을 즐기는 '한 달 살기'가 여행의 새로운 트렌드로 자리잡아가고 있다. 천천히 흘러가는 시간 속에서 진정한 여유를 만끽하려고 한다. 그러면서 한 달 동안 생활해야 하므로 저렴한 물가와 주위

에 다양한 즐길 거리가 있는 도시들이 한 달 살기의 주요 지역으로 주목 받고 있다. 한 달 살기의 가장 큰 장점은 짧은 여행에서는 느낄 수 없었던 색다른 매력을 발견할 수 있다는 것이다.

사실 한 달 살기로 책을 쓰겠다는 생각을 몇 년 전부터 했지만 마음이 따라가지 못했다. 우리의 일반적인 여행이 짧은 기간 동안 자신이 가진 금전 안에서 최대한 관광지를 보면서 많은 경험을 하는 것을 하는 것이 자유여행의 패턴이었다. 하지만 한 달 살기는 확실한 '소확행'을 실천하는 행복을 추구하는 것처럼 보였다. 많은 것을 보지 않아도 느리게 현지의 생활을 알아가는 스스로 만족을 원하는 여행이므로 좋아 보였다. 내가 원하는 장소에서 하루하루를 즐기면서 살아가는 문화와 경험을 즐기는 것은 좋은 여행방식이다.

하지만 많은 도시에서 한 달 살기를 해본 결과 한 달 살기라는 장기 여행의 주제만 있어서 일반적으로 하는 여행은 그대로 두고 시간만 장기로 늘린 여행이 아닌 것인지 의문이 들었다. 현지인들이 가는 식당을 가는 것이 아니고 블로그에 나온 맛집을 찾아가서 사진을 찍고 SNS에 올리는 것은 의문을 가지게 만들었다. 현지인처럼 살아가는 것이 아니라 풍족하게 살고 싶은 것이 한 달 살기인가라는 생각이 강하게 들었다.

현지인과의 교감은 없고 맛집 탐방과 SNS에 자랑하듯이 올리는
여행의 새로운 패턴인가, 그냥 새로운 장기 여행을 하는 여행자일 뿐이 아닌가?

현지인들의 생활을 직접 그들과 살아가겠다고 마음을 먹고 살아도 현지인이 되기는 힘들다. 여행과 현지에서의 삶은 다르기 때문이다. 단순히 한 달 살기를 하겠다고 해서 그들을 알 수도 없는 것은 동일할 수도 있다. 그래서 한 달 살기가 끝이 나면 언제든 돌아갈 수 있다는 것은 생활이 아닌 여행자만의 대단한 기회이다. 그래서 한동안 한 달 살기가 마치 현지인의 문화를 배운다는 것은 거짓말로 느껴졌다.

시간이 지나면서 다시 생각을 해보았다. 어떻게 여행을 하든지 각자의 여행이 스스로에게 행복한 생각을 가지게 한다면 그 여행은 성공한 것이다. 그것을 배낭을 들고 현지인들과 교감을 나누면서 배워가고 느낀다고 한 달 살기가 패키지여행이나 관광지를 돌아다니는 여행보다 우월하지도 않다. 한 달 살기를 즐기는 주체인 자신이 행복감을 느끼는 것이 핵심이라고 결론에 도달했다.

요즈음은 휴식, 모험, 현지인 사귀기, 현지 문화체험 등으로 하나의 여행 주제를 정하고 여행지를 선정하여 해외에서 한 달 살기를 해보면 좋다. 맛집에서 사진 찍는 것을 즐기는 것으로도 한 달 살기는 좋은 선택이 된다. 일상적인 삶에서 벗어나 낯선 여행지에서 오랫동안 소소하게 행복을 느낄 수 있는 한 달 동안 여행을 즐기면서 자신을 돌아보는 것이 한 달 살기의 핵심인 것 같다.

떠나기 전에 자신에게 물어보자!

한 달 살기 여행을 떠나야겠다는 마음이 의외로 간절한 사람들이 많다. 그 마음만 있다면 앞으로의 여행 준비는 그리 어렵지 않다. 천천히 따라가면서 생각해 보고 실행에 옮겨보자.

내가 장기간 떠나려는 목적은 무엇인가?

여행을 떠나면서 배낭여행을 갈 것인지, 패키지여행을 떠날 것인지 결정하는 것은 중요하다. 하물며 장기간 한 달을 해외에서 생활하기 위해서는 목적이 무엇인지 생각해 보는 것이 중요하다. 일을 함에 있어서도 목적을 정하는 것이 계획을 세우는데 가장 기초가 될 것이다.

한 달 살기도 어떤 목적으로 여행을 가는지 분명히 결정해야 질문에 대한 답을 찾을 수 있다. 아무리 아무것도 하지 않고 지내고 싶다고 할지라도 1주일 이상 아무것도 하지 않고 집에서만 머물 수도 없는 일이다. 조지아는 자연이 다채로워 다양한 볼거리, 엑티비티, 요리, 나의 로망인 여행지에서 살아보기 등 다양하다.

목표를 과다하게 설정하지 않기

자신이 해외에서 산다고 한 달 동안 어학을 목표로 하기에는 다소 무리가 있다. 무언가 성과를 얻기에는 짧은 시간이기 때문이다. 1주일은 해외에서 사는 것에 익숙해지고 2~3주에 현지에 적응을 하고 4주차에는 돌아올 준비를 하기 때문에 4주 동안이 아니고 2주 정도이다. 하지만 해외에서 좋은 경험을 해볼 수 있고, 친구를 만들 수 있다. 이렇듯 한 달 살기도 다양한 목적이 있으므로 목적을 생각하면 한 달 살기 준비의 반은 결정되었다고 생각할 수도 있다.

여행지와 여행 시기 정하기

한 달 살기의 목적이 결정되면 가고 싶은 한 달 살기 여행지와 여행 시기를 정해야 한다. 목적에 부합하는 여행지를 선정하고 나서 여행지의 날씨와 자신의 시간을 고려해 여행 시기를 결정한다. 여행지도 성수기와 비수기가 있기에 한 달 살기에서는 여행지와 여행시기의 틀이 결정되어야 세부적인 예산을 정할 수 있다.

여행지를 선정할 때 대부분은 안전하고 날씨가 좋은 동남아시아 중에 선택한다. 예산을 고려하면 항공권 비용과 숙소, 생활비가 크게 부담이 되지 않는 태국의 방콕, 치앙마이, 태국 남부의 푸켓, 끄라비, 피피 중에서 선택하게 된다.

한 달 살기의 예산정하기

누구나 여행을 하면 예산이 가장 중요하지만 한 달 살기는 오랜 기간을 여행하는 거라 특히 예산의 사용이 중요하다. 돈이 있어야 장기간 문제가 없이 먹고 자고 한 달 살기를 할 수 있기 때문이다.

한 달 살기는 한 달 동안 한 장소에서 체류하므로 자신이 가진 적정한 예산을 확인하고, 그 예산 안에서 숙소와 한 달 동안의 의식주를 해결해야 한다. 여행의 목적이 정해지면 여행을 할 예산을 결정하는 것은 의외로 어렵지 않다. 또한 여행에서는 항상 변수가 존재하므로 반드시 비상금도 따로 준비를 해 두어야 만약의 상황에 대비를 할 수 있다. 대부분의 사람들이 한 달 살기 이후의 삶도 있기에 자신이 가지고 있는 예산을 초과해서 무리한 계획을 세우지 않는 것이 중요하다.

세부적으로 확인할 사항

1. 나의 여행스타일에 맞는 숙소형태를 결정하자.

지금 여행을 하면서 느끼는 숙소의 종류는 참으로 다양하다. 호텔, 민박, 호스텔, 게스트하우스가 대세를 이루던 2000년대 중반까지의 여행에서 최근에는 에어비앤비Airbnb나 부킹닷컴, 호텔스닷컴 등까지 더해지면서 한 달 살기를 하는 장기여행자를 위한 숙소의 폭이 넓어졌다.

숙박을 할 수 있는 도시로의 장기 여행자라면 에어비앤비Airbnb보다 더 저렴한 가격에 방이나 원룸(스튜디오)을 빌려서 거실과 주방을 나누어서 사용하기도 한다. 방학 시즌에 맞추게 되면 방학동안 해당 도시로 역으로 여행하는 현지 거주자들의 집을 1~2달 동안 빌려서 사용할 수도 있다. 그러므로 자신의 한 달 살기를 위한 스타일과 목적을 고려해 먼저 숙소 형태를 결정하는 것이 좋다.

무조건 좋은 시설에서 한 달 이상을 렌트하는 것만이 좋은 방법은 아니다. 혼자서 지내는 '나 홀로 여행'에 저렴한 배낭여행으로 한 달을 살겠다면 호스텔이나 게스트하우스에서 한 달 동안 지내는 것이 나을 수도 있다. 최근에는 조지아의 수도인 트빌리시에서 한 달 살기가 늘어나면서 한 층을 빌리거나 집을 빌려서 지내는 경우가 많다. 그러기 위해서는 시내 중심에서는 벗어난 곳에서 지내야 렌트 비용을 줄일 수 있다. 아이가 있는 가족이 여행하는 것이라면 안전을 최우선으로 시내 중심에 있는 숙소를 활용하는 것이 낫다.

2. 한 달 살기 도시를 선정하자.

어떤 숙소에서 지낼 지 결정했다면 한 달 살기 하고자 하는 근처와 도시의 관광지를 살펴보는 것이 좋다. 자신의 취향을 고려하여 도시의 중심에서 머물지, 한가로운 외곽에서 머물면서 대중교통을 이용해 이동할지 결정한다. 조지아는 국토의 크기가 넓지 않아서 수도인 트빌리시에 머물면서 주변 도시로 주말에 여행을 떠나고 1주일 정도를 북부의 카즈베기나 서북부의 메스티아로 트레킹이나 스키를 다녀오는 경우가 많다.

3. 숙소를 예약하자.

숙소 형태와 도시를 결정하면 숙소를 예약해야 한다. 발품을 팔아 자신이 살 아파트나 원룸 같은 곳을 결정하는 것처럼 한 달 살기를 할 장소를 직접 가볼 수는 없다. 대신에 손품을 팔아 인터넷 카페나 SNS를 통해 숙소를 확인하고 숙박 어플을 통해 숙소를 예약하거나 인터넷 카페 등을 통해 예약한다. 최근에는 호텔 숙박 어플에서 장기 숙소를 확인하기도 쉬워졌고 다양하다. 어플마다 쿠폰이나 장기간 이용을 하면 할인혜택이 있으므로 검색해 비교해보면 유용하다.

장기 숙박에 유용한 앱

각 호텔 앱
호텔 공식 사이트나 호텔의 앱에서 패키지 상품을 선택 할 경우 예약 사이트를 이용하면 저렴하게 이용할 수 있다.

인터넷 카페
각 도시마다 인터넷 카페를 검색하여 카페에서 숙소를 확인할 수 있는 숙소의 정보를 확인할 수 있다.

에어비앤비(Airbnb)
개인들이 숙소를 제공하기 때문에 안전한지에 대해 항상 문제는 있지만 장기여행 숙소를 알리는 데 일조했다. 가장 손쉽게 접근할 수 있는 사이트로 빨리 예약할수록 저렴한 가격에 슈퍼호스트의 방을 예약할 수 있다.

호텔스컴바인, 호텔스닷컴, 부킹닷컴 등
다양하지만 비슷한 숙소를 검색할 수 있는 기능과 할인율을 제공하고 있다.

호텔스닷컴
숙소의 할인율이 높다고 알려져 있지만 장기간 숙박은 다를 수 있으므로 비교해 보는 것이 좋다.

4. 숙소 근처를 알아본다.

지도를 보면서 자신이 한 달 동안 있어야 할 지역의 위치를 파악해 본다. 관광지의 위치, 자신이 생활을 할 곳의 맛집이나 커피숍 등을 최소 몇 곳만이라도 알고 있는 것이 필요하다.

한 달 살기는 삶의 미니멀리즘이다.

요즈음 한 달 살기가 늘어나면서 뜨는 여행의 방식이 아니라 하나의 여행 트렌드로 자리를 잡고 있다. 한 달 살기는 다시 말해 장기여행을 한 도시에서 머물면서 새로운 곳에서 삶을 살아보는 것이다. 삶에 지치거나 지루해지고 권태로울 때 새로운 곳에서 쉽게 다시 삶을 살아보는 것이다. 즉 지금까지의 인생을 돌아보면서 작게 자신을 돌아보고 한 달 후 일상으로 돌아와 인생을 잘 살아보려는 행동의 방식일 수 있다.

삶을 작게 만들어 새로 살아보고 일상에서 필요한 것도 한 달만 살기 위해 짐을 줄여야 하며, 새로운 곳에서 새로운 사람들과의 만남을 통해서 작게나마 자신을 돌아보는 미니멀리즘인 곳이다. 집 안의 불필요한 짐을 줄이고 단조롭게 만드는 미니멀리즘이 여행으로 들어와 새로운 여행이 아닌 작은 삶을 떼어내 새로운 장소로 옮겨와 살아보면서 현재 익숙해진 삶을 돌아보게 된다.

다른 사람들과 만나고 새로운 일상이 펼쳐지면서 새로운 일들이 생겨나고 새로운 일들은 예전과 다르게 어떻다는 생각을 하게 되면 왜 그때는 그렇게 행동을 했을 지 생각을 해보게 된다. 한 달 살기에서는 일을 하지 않으니 자신을 새로운 삶에서 생각해보는 시간이 늘어나게 된다. 그래서 부담없이 지내야 하기 때문에 물가가 저렴해 생활에 지장이 없어야 하고 위험을 느끼지 않으면서 지내야 편안해지기 때문에 안전한 태국의 치앙마이나 방콕, 푸켓, 끄라비 등을 선호하게 된다. 외국인에게 개방된 나라가 새로운 만남이 많으므로 외국인에게 적대감이 없는 태국이나, 한국인에게 호감을 가지고 있는 베트남이 선택되게 된다.

새로운 음식도 매일 먹어야 하므로 내가 매일 먹는 음식과 크게 동떨어지기보다 비슷한 곳이 편안하다. 또한 대한민국의 음식들을 마음만 먹는다면 쉽고 간편하게 먹을 수 있는 곳이 더 선호될 수 있다.

삶을 단조롭게 살아가기 위해서 바쁘게 돌아가는 대도시보다 소도시를 선호하게 되고 현대적인 도시보다는 옛 정취가 남아있는 그윽한 분위기의 도시를 선호하게 된다. 그러면서도 쉽게 맛있는 음식을 다양하게 먹을 수 있는 식도락이 있는 도시를 선호하게 된다.
그렇게 한 달 살기에서 가장 핫하게 선택된 도시는 태국 북부의 치앙마이와 남부의 푸켓, 끄라비 등이 많다. 그리고 인도네시아 발리의 우붓이 그 다음이다. 위에서 언급한 저렴한 물가, 안전한 치안, 한국인에 대한 호감도, 한국인에게 맞는 음식 등이 가진 중요한 선택사항이다.

태국 남부 한 달 살기 비용

태국 남부는 태국 북부의 치앙마이나 방콕에 비하면 물가가 조금 비싼 곳이다. 항공비용을 제외하고 숙박비가 저렴하지 않다. 최근에 올라가는 물가 때문에 저렴하기는 하지만 '너무 싸다'는 생각은 금물이다.

저렴하다는 생각만으로 한 달 살기를 왔다면 실망할 가능성이 높다. 여행을 계획하고 실행에 옮기면 가장 많이 돈이 들어가는 부분은 항공권과 숙소비용이다. 또한 여행기간 동안 사용할 식비와 버스 같은 교통수단의 비용이 가장 일반적이다. 태국에서 한 달 살기를 많이 하는 도시는 수도인 방콕과 북부의 치앙마이이다. 그러나 숙박비를 제외하면 치앙마이와 차이가 없다는 점을 인식하고 한 달 살기의 비용을 파악해보자.

항목	내용	경비
항공권	태국 남부의 관문은 푸켓으로 이동하는 항공권이 필요하다. 항공사, 조건, 시기에 따라 다양한 가격이 나온다.	약 41~88만 원
숙소	한 달 살기는 대부분 아파트 같은 혼자서 지낼 수 있는 숙소가 필요하다. 홈스테이부터 숙소들을 부킹닷컴이나 에어비앤비 등의 사이트에서 찾을 수 있다. 각 나라만의 장기여행자를 위한 전문 예약 사이트(어플)에서 예약하는 것도 추천한다.	한 달 약 350,000~800,000원
식비	아파트 같은 숙소를 이용하려는 이유는 식사를 숙소에서 만들어 먹으려는 하기 때문이다. 대형 마트나 시장에서 장을 보면 물가는 저렴하다는 것을 알 수 있다. 외식물가는 나라마다 다르지만 대한민국과 비교해 조금 저렴한 편이다.	한 달 약 300,000~600,000원
교통비	교통비는 매우 저렴하다. 다만 다른 도시로 이동하여 관광지를 돌아보려면 투어나 오토바이를 이용해야 하므로 저렴한 편은 아니다. 주말에 근교를 여행하려면 추가 경비가 필요하다.	교통비 50,000~150,000원
TOTAL		111~181만 원

또 하나의 공간, 새로운 삶을 향한 한 달 살기

"여행은 숨을 멎게 하는 모험이자 삶에 대한 심오한 성찰이다"

한 달 살기는 여행지에서 마음을 담아낸 체험을 여행자에게 선사한다. 한 달 살기는 출발하기는 힘들어도 일단 출발하면 간단하고 명쾌해진다. 도시에 이동하여 바쁘게 여행을 하는 것이 아니고 살아보는 것이다. 재택근무가 활성화되면 더 이상 출근하지 않고 전 세계 어디에서나 일을 할 수 있는 세상이 열린다. 새로운 도시로 가면 생생하고 새로운 충전을 받아 힐링Healing이 된다. 한 달 살기에 빠진 것은 포르투갈의 포르투Porto와 태국 북부의 치앙마이를 찾았을 때, 느긋하게 즐기면서도 저렴한 물가에 마음마저 편안해지는 것에 매료되게 되었다.

무한경쟁에 내몰린 우리는 마음을 자연스럽게 닫았을지 모른다. 그래서 천천히 사색하는 한 달 살기에서 더 열린 마음이 될지도 모른다. 삶에서 가장 중요한 것은 행복한 것이다. 뜻하지 않게 사람들에게 받는 사랑과 도움이 자연스럽게 마음을 열게 만든다. 하루하루가 모여 나의 마음도 단단해지는 곳이라고 생각한다.

인공지능시대에 길가에 인간의 소망을 담아 돌을 올리는 것은 인간미를 느끼게 한다. 한 달 살기를 하면서 도시의 구석구석 걷기만 하니 가장 고생하는 것은 몸의 가장 밑에 있는 발이다. 걷고 자고 먹고 이처럼 규칙적인 생활을 했던 곳이 언제였던가? 규칙적인 생활에도 용기가 필요했나보다.

한 달 살기 위에서는 매일 용기가 필요하다. 용기가 하루하루 쌓여 내가 강해지는 곳이 느껴진다. 고독이 쌓여 나를 위한 생각이 많아지고 자신을 비춰볼 수 있다. 현대의 인간의 삶은 사막 같은 삶이 아닐까? 이때 나는 전 세계의 아름다운 도시를 생각했다. 인간에게 힘든 삶을 제공하는 현대 사회에서 천천히 도시를 음미할 수 있는 한 달 살기가 사람들을 매료시키고 있다.

한 달 살기의 대중화

코로나 바이러스의 팬데믹 이후의 여행은 단순 방문이 아닌, '살아보는' 형태의 경험으로 변화할 것이다. 만약 코로나19가 지나간 후 우리의 삶에 어떤 변화가 다가올 것인가?

코로나 바이러스 팬데믹 이후에도 우리는 여행을 할 것이다. 여행을 하지 않고 살아갈 수 있는 사회로 돌아가지는 않는다. 이런 흐름에 따라 여행할 수 있도록, 대규모로 가이드와 함께 관광지를 보고 돌아가는 패키지 중심의 여행은 개인들이 현지 중심의 경험을 제공할 수 있는 다양한 방식의 여행이 활성화될 수 있다. 많은 사람이 '살아보기'를 선호하는 지역의 현지인들과 함께 다양한 액티비티가 확대되고 있다. 코로나19로 인해 국가 간 이동성이 위축되고 여행 산업 전체가 지금까지와 다른 형태로 재편될 것이지만 역설적으로 여행 산업에는 새로운 성장의 기회가 될 수 있다.

코로나 바이러스가 지나간 이후에는 지금도 가속화된 디지털 혁신을 통한 변화를 통해 우리의 삶에서 시·공간의 제약이 급격히 사라질 것이다. 디지털 유목민이라고 불리는 '디지털 노마드'의 삶이 코로나 이후에는 사람들의 삶 속에 쉽게 다가올 수 있다. 재택근무가 활성화되는 코로나 이후의 현장의 상황을 여행으로 적용하면 '한 달 살기' 등 원하는 지역에서 단순 여행이 아닌 현지를 경험하며 내가 원하는 지역에서 '살아보는' 여행이 많아질 수 있다. 여행이 현지의 삶을 경험하는 여행으로 변화할 것이라는 분석도 상당히 설득력이 생긴다.

결국 우리 앞으로 다가온 미래의 여행은 4차 산업혁명에서 주역이 되는 디지털 기술이 삶에 밀접하게 다가오는 원격 기술과 5G 인프라를 통한 디지털 삶이 우리에게 익숙하게 가속화되면서 균형화된 일과 삶을 추구하고 그런 생활을 살면서 여행하는 맞춤형 여행 서비스가 새로 생겨날 수 있다. 그 속에 한 달 살기도 새로운 변화를 가질 것이다.

Phuket

푸켓

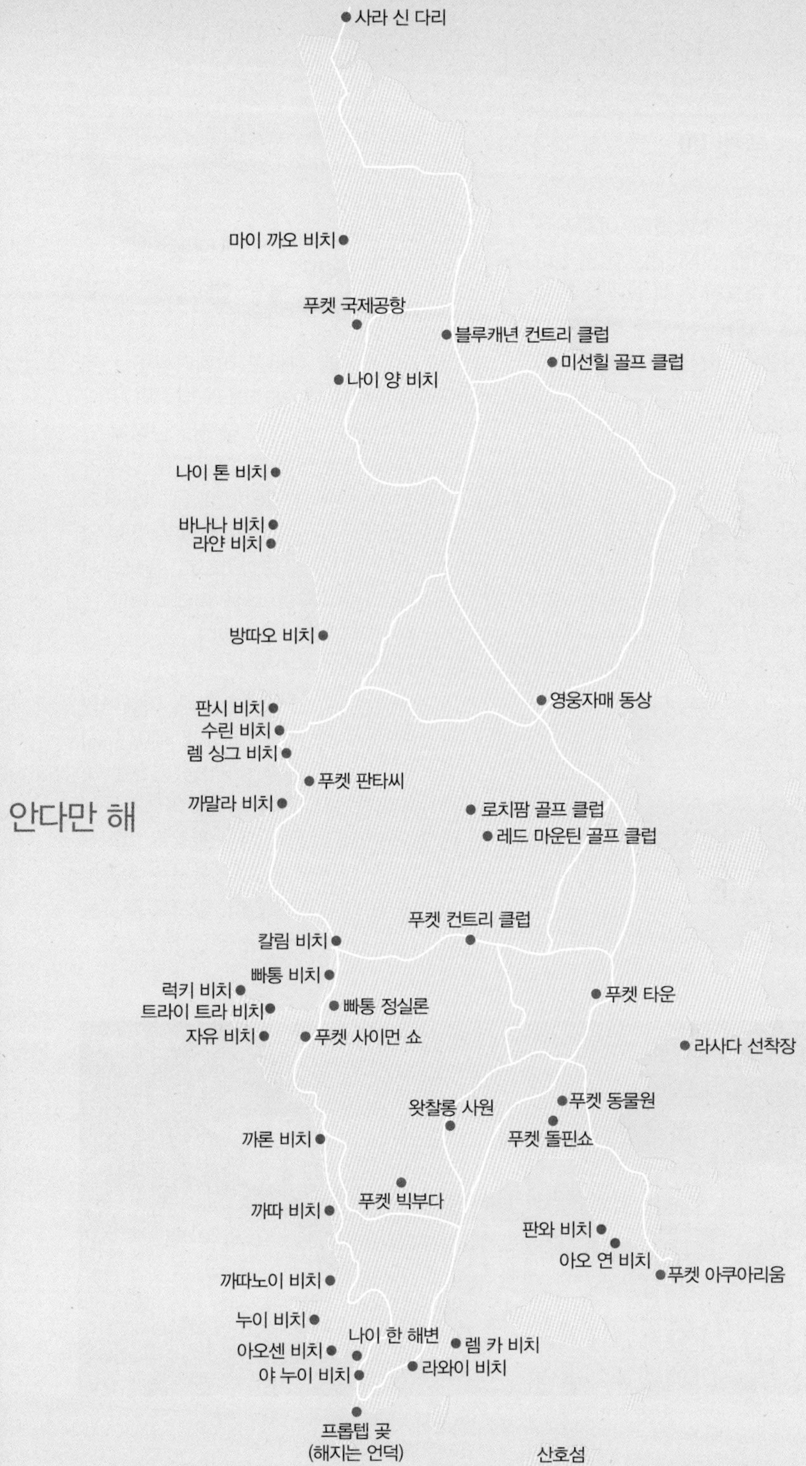

사라 신 다리

마이 까오 비치

푸켓 국제공항
블루캐년 컨트리 클럽
미선힐 골프 클럽
나이 양 비치

나이 톤 비치

바나나 비치
라얀 비치

방따오 비치

판시 비치
영웅자매 동상
수린 비치
렘 싱그 비치
푸켓 판타씨
까말라 비치
로치팜 골프 클럽
레드 마운틴 골프 클럽

안다만 해

칼림 비치
푸켓 컨트리 클럽
빠통 비치
럭키 비치
푸켓 타운
트라이 트라 비치
빠통 정실론
자유 비치
푸켓 사이먼 쇼
라사다 선착장

왓찰롱 사원
푸켓 동물원
까론 비치
푸켓 돌핀쇼

까따 비치
푸켓 빅부다
판와 비치
아오 연 비치
까따노이 비치
푸켓 아쿠아리움

누이 비치
나이 한 해변
아오센 비치
렘 카 비치
야 누이 비치
라와이 비치

프롭텝 곶
(해지는 언덕)
산호섬

푸켓 IN

대한민국 여행자는 까다롭게 여행지를 선택한다. 여행지를 선택하는 것에 있어서 여행 경비가 중요한 선택 요소로 작용하기 때문이다. 그중에 태국은 여전히 해외 첫 번째 여행지로 선호하는 여행자가 많다.

관광지와 휴양지가 적절하게 조화가 되어야 여행지로 선택되고 여행을 떠나게 된다. 그중에서도 푸켓은 말이 필요 없는 동남아시아 최고의 관광지다. 11월부터 3월까지가 여행하기 좋은 건기. 5월부터 10월까지가 우기이기 때문에 대한민국이 추운 겨울일 때 따뜻한 푸켓으로 떠나는 관광객이 많다. 전 세계 여행자들을 유혹하는 태국 푸켓에 한 발짝 다가가 보자.

비행기

인천에서 출발해 푸켓까지는 약 6시간 15분이 소요된다. 대한항공은 19시 5분, 아시아나 항공 17시 50분, 티웨이항공은 6시 50분에 출발한다.

푸켓에 도착하면 23시 15분, 24시, 11시 15분이다. 최근에 취항한 티웨이항공을 제외하면 밤늦게나 새벽에 도착하여 공항에는 아무도 없을 때 도착하는 단점이 있다. 그래서 공항버스를 이용하는 경우가 거의 없고, 택시나 그랩 Grab을 이용하거나 차량 픽업 서비스를 이용할 수밖에 없다. 피곤한 시간에 도착하므로, 한국에서 미리 예약을 해두고 차량 픽업 서비스를 이용하는 관광객이 많아졌다.

우리나라에서 태국 푸켓으로 가는 비행기는 대한항공, 아시아나 항공, 티웨이항공으로 모두 직항이 가능하다. 에어 아시아 타이와 중국 동방 항공 등 경유를 하는 저가 항공사가 최근에는 여행자들에게 인기를 끌고 있다. 저가 항공은 합리적인 가격을 무기로 계속 취항하는 항공사가 늘어날 것으로 보인다. 앞으로 푸켓을 운행하는 항공사는 꾸준할 것이다.

푸켓 국제 공항

푸켓 국제 공항
(Phuket International Airport)

푸켓은 태국 남부에 있는 푸켓 주의 주도이고, 방콕에서 남쪽으로 약 860km 떨어져 있다. 푸켓 국제공항Phuket International Airport은 푸켓 시내에서 약 32km 떨어진 곳에 있다.

푸켓으로 입국하는 사람들의 주요 목적은 관광이고, 푸켓의 관광산업은 푸켓 뿐만 아니라 태국 국가 경제에 큰 역할을 하고 있다.

푸켓 공항은 국제선으로 이용되는 제1 터미널과 국내선으로 이용되고 있는 제2터미널과 전세 항공편에 사용되는 터미널 X로 구성된다. 동남아시아의 대표 관광지답게 약 50개 항공사가 취항하고 있다.

1년에 약 천만 명 이상이 찾는 푸켓 국제공항은 승객수와 물동량 부문에서 방콕의 쑤완나품 국제공항에 이어 두 번째다. 국제선 터미널은 총 3층으로 이루어졌고, 1층에는 입국장과 관광 안내소, 여행사, 환전소가 있고, 2층에는 출국대, 커피숍, 스낵바, 3층에는 항공사 사무실과 식당이 있다.

국제선은 아시아 노선, 유럽, 러시아 등 다양한 지역의 노선을 운행하고 있다. 국내선은 방콕, 치앙마이, 치앙라이, 파타야 노선을 운행하고 있다.

공항 주변에는 메리어트 푸켓 비치 클럽, 푸켓 에어포트 호텔, 루이스 런어웨이 뷰 호텔, 마야 푸켓 호텔 등 푸켓의 인기 호텔 및 리조트가 있어서 편의성을 높였다. 태국 최고의 휴양지인 만큼 출, 입국 및 세관검사가 까다롭지 않지만, 푸켓의 돌이나 식물 등의 반출을 엄격하게 금지하고 있다.

푸켓 공항에서 시내 IN

공항버스

푸켓 공항에서 푸켓 타운, 라와이 비치, 까따 까지 운행하는 3개의 노선이 있다.

1. 공항버스 익스프레스
(Airport Bus Express)

노선은 푸켓 공항 - 빠통- 까따를 왕복하는 노선으로 푸켓 공항에서 30분에서 1시간 간격으로 운행을 한다. 공항에서 빠통까지 요금은 150B, 까따 까지는 200B이고, 공항에서 까따 까지는 1시간 30분이 소요된다. (운행시간 7시 30분 ~ 20시〈공항 출발〉, 10시~19시〈까따 출발〉)

2. 8411 공항 버스

푸켓 공항과 푸켓 타운을 운행하는 8411 공항 버스는 푸켓 공항-센트럴 푸켓- 푸켓 타운까지 운행하는 노선으로 푸켓 타운까지 100B에 갈 수 있다. 푸켓 공항에서 푸켓 타운까지 1시간 30분이 소요되고, 1시간 간격으로 운행한다. (운행시간 5시~19시〈공항 출발〉, 7시 30분~21시 30분〈푸켓 타운 출발〉)

3. 스마트 버스

푸켓 공항과 라와이 비치를 운행하는 스

마트 버스는 푸켓 공항-수린 비치-푸켓 판타 씨-까말라 비치-빠통-까론 써클-까따-라와이 비치를 운행하는 노선

으로 빠통까지 150B, 라와이 비치 170B에 이용할 수 있다.

푸켓 공항에서 라와이 비치까지 1시간 50분이 걸린다고, 1시간 간격으로 운행을 한다. (운행시간 6시~21시〈공항 출발〉, 6시~21시 30분〈라와이 비치 출발〉)

공항버스는 푸켓 공항이나 최종 목적지에서는 대체로 정시에 출발하나, 중간 경유지는 교통 사정에 따라 시간이 앞당겨지거나 늦어지기도 한다. 정시에 도착해도 못 타는 경우가 있으니 15분 전엔 미리 도착해서 기다리는 게 좋다.

홈페이지에 자세한 노선도가 나와 있으니 참고하자.
▶공항버스 익스프레스
http://phuketairportbusexpress.net
▶8411 공항버스
http://www.airportbusphuket.com/
▶스마트 버스 홈페이지
https://phuketsmartbus.com/

래빗 카드 Tip

스마트 버스는 현금으로 지급하면 거리에 상관없이 170B를 내야 하지만 교통 카드인 래빗 카드를 이용하면 거리에 따라 요금을 내면 된다. 래빗 카드는 정류장마다 판매처와 충전하는 장소가 있다. 스마트 버스를 처음 이용하는 경우에는 버스에서도 판매한다. 300B 카드만 판매하는데 100B 은 카드 구매비고, 200B만 버스 이용에 사용할 수 있다. 래빗 카드에는 최소 170B의 금액이 충전되어 있어야 사용할 수 있으므로, 한 번에 충전을 많이 해두거나, 버스에서 내릴 때 남은 잔액을 확인하고 충전을 하는 게 좋다.

래빗 카드 사용방법
탑승 시에 운전석 근처 단말기에 찍고, 내릴 때도 단말기에 찍어야 이동 거리가 계산되어 요금이 정산된다. 이때 금액을 확인하고 170B 이하면 충전을 해야 한다.
빠통에서는 정실론 1층에 있는 맥도날드에서 충전할 수 있고, 카드를 소지하면 맥도날드와 버거킹 10% 할인을 받을 수 혜택도 제공한다.

택시

푸켓 공항은 빠통 시내와 32㎞ 떨어진 상당히 먼 공항이다. 그래서 시내까지 이동 비용이 많이 나온다. 대부분 택시는 미터기가 아닌 목적지에 따라 정액요금을 받는다. 공항을 나오면은 미터로 가는 택시도 찾을 수 있으니 가격을 비교해보는 게 좋다.

요금은 푸켓 타운까지는 650B(약 25,000원), 빠통 800B(약 31,000원), 방따오 700B(약 28,000원), 까따, 까론 1000B(약 39,000원) 금액으로 태국 물가에 비하면 상당히 비싼 요금이다.

택시나 뚝뚝을 운영하는 단체의 막강한 힘을 이용하여 다른 지역의 택시나 여행사 차량이 자기들이 관리하는 지역으로 들어와 손님을 태우는 것을 막는 등의 부당과 단체 행동으로 최근에서야 대중교통도 도입되었다고 한다.

택시를 잘못 타면 바가지요금과 쇼핑센터 방문을 강압적으로 하기도 한다. 인원이 3명 이상이면 택시는 괜찮은 선택이지만, 혼자 여행 온 여행객들에게는 상당한 부담이 되는 곳이 푸켓이다.

차량 픽업 서비스

푸켓 공항은 시내에서 떨어져 있어서 숙소까지 이동하는 비용이 상당히 비싸다. 인원이 5명 이상이라면 차량 픽업 서비스도 비싸기는 하지만, 편리하고 차량이 미리 와 대기를 하고 있으므로 기다리지 않는 장점이 있다.

가격은 푸켓 타운까지는 1100B(약 43,000원), 빠통 1400B(약 54,000원), 방따오 1200B(약 46,000원), 까따, 까론 1600B(약 63,000원)이기 때문에 비싸다고 생각되지만, 5명이 나누면 5천 원 내외이기 때문에, 비싸다는 느낌이 없다면 사용할 만하다. 푸켓에 새벽에 도착하여 피곤할 것 같다면 예약을 하고 이용하는 것도 좋은 방법이다. 한국 여행사를 통해서 예약하면 좀 더 저렴하게 예약을 할 수 있다.

공항 픽업 서비스는 택시보다 저렴하면서 동시에 그랩Grab보다 안전하다는 장점이 있다. 늦은 밤이나 새벽에 도착하는 여행자는 피곤하여 숙소로 바로 이동하고 싶을 때, 시간에 맞춰서 기다리고 있으므로 쉽고 편안하게 이용 가능하다는 장점이 있다.

푸켓(Phuket) 국제 공항 미리보기

성수기 때는 항상 사람으로 붐비는 푸켓(Phuket) 공항 모습

공항을 지키는 사람들의 모습

숙소까지 이동하는 교통수단을 선택하여 표를 끊으면 된다.

인포메이션 센터에서 정보를 얻을 수 있다.

보트를 선택하거나 숙박을 구하려면 공항에서 문의하거나
예약하면 된다.

푸켓(Phuket) 공항에 내리면 한꺼번에
사람들이 몰리기 때문에 상당히 복잡하다.

봉고차는 10명 정도의 승객을 모아 이동한다.

태국 공항 입국할 때 주의 사항

1. 여권이 훼손된 경우 위·변조된 여권으로 보아 태국 입국이 거부됩니다. 예를 들어 어린 자녀와 같이 태국으로 가족 여행을 오는 경우 자녀에게 여권을 맡겼다가 여권이 찢어져 안타깝게 입국이 거부된 사례도 있었다.

2. 태국은 1981년 양국 간 사증 면제 협정 체결로 한국인은 관광을 목적으로 하면 한해서만 비자 없이 90일간 태국에 체류할 수 있다.

3. 태국 입국 시 담배는 1인 1보루까지만 허용된다. 위반 시 1보루당 150 달러$ 정도의 벌금을 부과한다.

주요 항공사 운항 정보

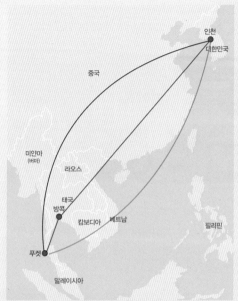

대한항공

편명	편명	출발	도착
인천 → 푸켓	KE637	19:05	23:15
푸켓 → 인천	KE638	00:40	08:45

아시아나항공

편명	편명	출발	도착
인천 → 푸켓	OZ747	19:50	24:00
푸켓 → 인천	OZ748	01:30	09:35

티웨이항공

편명	편명	출발	도착
인천 → 푸켓	TW103	06:20	11:15
푸켓 → 인천	TW104	15:10	23:30

시내교통

여행자들의 관심은 대부분 시내와 해변에 몰려 있다. 시내를 다닐 수 있는 교통수단은 다양하고 장단점이 분명하다. 여행지의 이동 목적에 따라 교통수단을 선택하는 것이 좋다.

공항 노선버스
주로 공항을 오고 갈 때 이용하지만, 노선이 맞는다면 에어컨이 나오고 깔끔해서 이용하기에 편리하다. 서쪽 해안에 있다면 택시나 뚝뚝보다 저렴한 가격에 여러 해변을 방문할 수 있다.

썽태우(Songthaews/로털버스)
화물칸에 의자를 두 개 넣어서 만든 현지 버스를 썽태우라고 한다. 푸켓에서는 지역에 따라 다양한 노선의 썽태우가 있다. 주로 현지인들이 이용하지만, 교통비가 비싼 푸켓에서 상황에 맞게 이용을 한다면 교통비를 많이 절약할 수 있다. 주로 장기 여행자나 시간이 여유로운 사람에게 추천한다. 한 번쯤 현지인들의 생활을 체감하고 싶다면 타보는 것도 좋은

경험이 될 것이다. 다양한 노선이 있지만, 여행객들이 이용 가능한 노선은 크게 푸켓을 중앙을 가로지르는 빠통 – 푸켓 타운 노선과 푸켓 남부 해안 까따에서 푸켓 타운을 남북으로 이동하는 노선이다.

운행 노선이 영어로 외부에 표기되어 있으므로 잘 보고 타면 된다.

1 **빠통 – 푸켓 타운 노선(운행시간_6시~17시 30분)** – 요금 30B, 운행 간격 30분
   빠통 비치 정류장 – 센트럴 푸켓 – 푸켓 올드 타운

2 **까따 – 푸켓 타운 노선(운행시간_6시~16시 40분)** – 요금 30B, 운행 간격 30분
   까따 비치 정류장 – 까론 써클 – 왓 찰롱 사원 – 푸켓 올드타운

▶ 빠통 정류장은 까론으로 가는 방향으로 해변 남쪽에 있다.
▶ 푸켓 타운 정류장은 라농 시장 입구 근처에 있다.

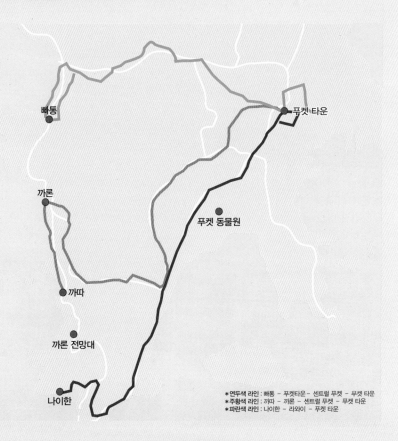

*연두색 라인 : 빠통 – 푸켓타운– 센트럴 푸켓 – 푸켓 타운
*주황색 라인 : 까따 – 까론 – 센트럴 푸켓 – 푸켓 타운
*파란색 라인 : 나이한 – 라와이 – 푸켓 타운

뚝뚝

푸켓에 오면 가장 쉽게 볼 수 있고, 어쩔 수 없이 이용하는 게 뚝뚝이다. 파란색, 분홍색, 하얀색의 미니트럭을 개조해서 손님을 원하는 목적지까지 태워다 주는 교통편이다.

문제는 가격이 태국 물가와 비교하면 거의 바가지 수준으로 비싸다는 것이다. 빠통에서 까따까지 500B, 한화로 무려 20,000원에 달하는 금액을 받는다. 자동차나 오토바이를 렌트하지 않는 이상 푸켓에서는 뚝뚝을 이용할 수 밖에 없는 현실이다.

출발지	목적지	요금(B)
푸켓 타운	빠통	300
	까론 & 까따	350
빠통	푸켓타운	500
	까론 & 까따	500
	방따오	700
카론	푸켓 타운	300
	빠통	300
	까따	100
	라와이	190

Tip
믿을만한 뚝뚝 기사를 만난다면, 전화번호를 물어보고, 다음 이용 때 이용하는 것이 좋다.

택시(Taxi)

푸켓에서 택시는 다른 관광지에 비해 찾기가 힘들다. 주로 공항, 버스 터미널, 빠통 시내에서 볼 수 있어서, 택시를 타고 싶다면 호텔 콜 서비스나, 여행사에 예약하는 게 좋다. 택시는 단거리 승객보다는 1일 관광이나, 장거리 목적지를 더 선호한다.

교통비가 비싼 푸켓에서 인원이 2명 이상이라면 좋은 선택이 될 것이다. 택시 1일 투어 비용은 8시간 기준 2100B 정도이다.

오토바이 택시

오토바이 택시는 혼자 여행하는 경우 목적지에 가장 저렴하고, 빠르게 이동할 수 있는 교통수단이다. 출발하기 전에 가격을 흥정하고, 꼭 헬멧을 착용해야 한다. 헬멧을 가지고 있지 않으면 다른 오토바이 택시를 타는 게 좋다. 가끔 사고 소식이 들린다. 푸켓 타운에서나 주요 해변에서 단거리를 가고자 할 때 이용하면 된다. 보통 기본이 50B 정도로 시작한다.

Tip 목적지의 정확한 주소나 구글맵으로 확인시켜주는 게 좋다. 가끔 엉뚱한 방향으로 가기도 한다.

택시(Taxi VS) 그랩(Grab)

태국의 공항에 도착하면 어떻게 숙소까지 이동할 것인지 고민스럽다. 방콕이나 치앙마이와 같이 공항에서 이동수단이 발달 되어 있는 도시도 있지만, 그렇지 않은 작은 도시는 짐이 많으면, 택시를 타고 숙소로 이동하는 게 편하다.

푸켓도 마찬가지여서 30분 정도 택시를 타고 이동해야 하는데 태국 택시에 대해 좋지 않은 이야기를 많이 들었기 때문에 고민스러워한다. 이에 요즈음 공항에서 차량공유서비스인 그랩Grab을 이용해 숙소로 이동하는 경우 조금씩 늘어나고 있다.

상대적으로 바가지요금을 내지 않아도 되는 특성상 고민할 것 없이 타고 이동하면 되는데, 어떻게 그랩Grab을 이용할지에 대해 걱정하는 여행자가 있다. 특히 나이가 40대를 넘어 새로운 애플리케이션 서비스를 막연하게 어려워하는 경우가 많다.

택시

여행자들에게 바가지가 심한 태국에서 택시 탑승을 하면, 기분이 썩 유쾌하지 않은 것이 현실이다. 첫 기분을 좌우하는 택시와의 만남이 나쁘면 태국에 온 것을 후회하게 만들기도 한다. 하지만 푸켓은 방콕이나 치앙마이에 비하면 택시는 비교적 양호한 편이다.

물론 푸켓에도 당연히 바가지 씌우는 택시가 있지만, 대부분 목적지가 정찰제로 이루어져 있어서 딱히 흥정할 필요가 없다. 대부분 방콕이나 치앙마이에서는 미터기를 켜지 않고 운행한 후에 많은 금액을 요구하거나, 운행하는 길에 문제가 생겨서 돌아가거나 하면서 여행자들에게 바가지를 씌우는 일도 있으니 조심하자.

택시기사들은 여행자에게 양심적이고 친절하게 다가가, 택시에 대한 안 좋은 인상을 없애고 싶어 하지만, 당분간 쉬운 일은 아니다.

그랩(Grab)

차량 공유서비스인 그랩Grab을 이용할 때에 애플리케이션으로 차량을 불러서 확인하고 만나야 한다. 그랩Grab은 일반 공항 내의 주차장을 사용하지 못한다. 그래서 그랩이 주차할수 있는 위치로 이동해야 한다. 대부분 공항의 주차장 내에 그랩Grab 기사와 만나는 위치가있다.

그랩 사용방법

1. 스마트폰에 애플리케이션을 설치하고 인증을 해야 한다.
2. 태국에서 그랩Grab 애플리케이션을 실행하면, 태국 위치를 자동으로 인식해서 실행되므로 문제없이 사용할 수 있다. (대한민국에서 실행하면 안 된다고 걱정할 필요가 없다. 그랩Grab은 동남아시아에서 사용할 수 있어서 한국에서는 실행이 안 돼서 "Sorry, Grab is not available in this region"이라는 문구가 뜨기 때문에 걱정하지만, 한국에서는 사용이 안된다는 것을 알아야 한다.)

3. 출발, 도착지점을 정해야 한다. 출발지는 현재 있는 위치가 자동으로 표시되므로 출발지 아래의 도착지만 지명을 정확하게 입력하면 된다.
숙소 이름을 미리 확인하여 영어로 입력하면 되므로 위치는 확인하지 않아도 된다. 영어철자를 입력하면 도착지에 대한 검색을 할 수 있는 창이 나타나면서 자신의 숙소를 확인하고 터치를 하면 된다.
4. 1~5분 사이에 도착할 수 있는 차량이 보이므로 선택하면 차량번호, 기사 이름 등이 표시되고, 전화하거나 메시지를 나눌 수 있다. 대부분 메시지를 통해 확인할 수 있다. 정확한 위치를 모르겠으면, 기다리는 곳 사진을 찍어서 보내면 된다. 영어로 대화를 나눈다고 걱정할 필요가 없다. 한글로 표시가 되기 때문이다.

푸켓에서 그랩사용

푸켓에서 유명 관광지 몇 군데 말고는 그랩(Grab)을 굳이 이용할 필요가 없는 거 같다. 교통비 비싼 푸켓에서 공항에서 빠통을 이동하다면 약 800B 넘는 금액이 나올 수가 있다. 차가 밀리기라도 하면 금액이 1,000B를 넘어서는 경우도 비일비재하고, 그에 반해 택시는 정액제로 운행을하는 경우가 많아서 그랩보다 요금이 싼 때도 있다. 푸켓 외 동남아 다른 지역에서는 그랩이 택시보다 저렴해서 많이 이용하지만, 푸켓에서 꼭 그렇지만은 않은 것 같다. 물론 택시비 가지고 실랑이를 안 해도 되고, 택시 잡기에도 힘든 곳에 숙소가 있으면 편리한 점도 있다.

푸켓 한눈에 파악하기

푸켓은 태국뿐만 아니라 동남아시아에서도 손에 꼽히는 유명한 해안 도시 중 하나로 카페, 역사 유적지, 맛있는 별미를 제공하는 식당 가까이에 백사장과 에메랄드빛 바다가 있다. 푸켓은 20세기 동안 인기 있는 해변 휴양지가 되어, 오늘날에는 전 세계에서 관광객들이 찾아오며 급격히 성장하였다. 고급 호텔 및 리조트는 이제 푸켓 해변과 관광지에서 흔히 볼 수 있는 풍경이지만, 조그만 걸어가면 좁은 골목길과 현지인이 사는 오래된 집들을 발견할 수 있다.

푸켓의 해변은 지금도 푸켓의 가장 큰 자산이며, 명성에 맞는 아름다움을 지니고 있다. 복잡한 해변을 싫다면 남쪽에 있는 까따, 나이한 해변으로 가면 된다. 이곳 바다는 더 잔잔하고, 모래는 훨씬 깨끗하며, 사람도 적어 풍경을 감상하기도 좋다.

파도 밑 세계를 탐험하고 싶다면 또는 파도를 따라 다니고 싶다면, 서핑이나 다이빙 교실이 많이 있으므로 해양 스포츠를 배울 수 있는 것도 큰 장점이다. 강사들은 뛰어나지만, 비용은 저렴하다. 스노클링을 하러 보트를 타고 가까운 섬으로 나가서 다양한 해양 생태계를 직접 눈으로 볼 수 있다. 서핑은 가장 쉽게 해양 스포츠를 접하는 방법이므로, 해보고 싶다면 누구나 강습을 받으러 가면 된다. 하루만 배워도 보드를 빌려서 바다로 뛰어들 수도 있게 될 것이다.

푸켓의 기후는 5월부터 10월 우기를 제외하면 따뜻하고 무난하다. 우기에 방문하면 비 정도는 신경 쓰지 않아도 될 정도로 다양한 실내의 명소와 엑티비티가 기다리고 있다. 푸켓 아쿠아리움은 푸켓 근해에만 사는 다양한 열대 물고기와 산호를 볼 수 있는 곳으로 유명하고 서퍼 하우스는 비가 와도 서핑을 즐길 수 있는 곳으로 여행자들에게 인기가 많다.

중국인의 후손들이 있는 푸켓 타운은 시노 – 포르투칼 양식의 인상적인 건물로 이색적인 분위기를 경험하려는 관광객들로 길거리가 넘쳐난다. 해변에서 저녁노을을 보고 빠통 방라 로드에 들어서면 귀가 떨어질 정도의 음악과 주변 업소에서 무희들의 춤, 클럽에서 손님을 유혹하는 손짓에 정신을 못 차린다. 푸켓의 밤은 또 다른 푸켓을 볼 수 있는 곳으로 전 세계의 관광객들을 끌어모으고 있다.

푸켓은 뜨거운 여름날 해변에서 시간을 보내거나 카페에서 앉아 시원한 음료를 홀짝이기 좋은 곳이다. 해변에서 벗어나 휴식을 취하고 싶다면, 안쪽에서 언제든지 보고 즐길 거리가 수없이 많다.

131

푸켓 여행을 계획하는 5가지 핵심 포인트

푸켓은 의외로 여행을 계획하기 쉽지 않다. 시내를 둘러봐도 작은 규모의 도시라 어디를 가야 할지 모르겠다. 숙소에 물어보니 역사 유적지는 시내에서 떨어져 있다는 답변에 "그럼 어디를 가야 하나?"는 물음에는 투어를 소개하는 팸플릿을 내민다. "어떤 것이 좋을까요?"라는 질문에 "다 좋다"라는 답만 온다. 어떻게 푸켓을 여행해야 하는 걸까?

푸켓는 천혜의 자연환경을 가지고 있어서 외국 여행자들에게는 휴양지로 많이 알려진 곳이다. 우리나라에서는 신혼여행이나 패키지여행의 짧은 일정으로 방문했다가 돌아갈 때는, 못 가본 곳이 너무 많아서 후회하는 곳이기도 하다. 섬 투어, 스쿠버 다이빙을 비롯한 다양한 엑티비티가 있지만, 시간이 없는 여행객들은 체험을 못 하고, 그저 사진만 찍고 가야만 한다. 시간이 넉넉하지 않다면 꼭 필요한 핵심 관광만 하고 가는 것도 좋은 방법이다.

1. 시내 관광, 쇼핑

푸켓은 시내 관광은 크게 빠통, 까론, 까따, 푸켓 타운으로 나누어서 할 수 있다. 그중 빠통은 아름다운 해변과 쇼핑센터, 숙소가 다양하게 몰려 있는 곳으로 모든 시설을 완벽히 갖추고 있어서, 여행자들에게 인기가 가장 많은 곳이다. 휴양 시설은 해변 근처나 해변 양쪽 끝의 조용하고 한적한 곳에 있다. 빠통의 방라 로드를 중심으로 맞은편엔 정실론, 센트럴 빠통이 있고, 푸켓 타운에는 로빈슨 백화점이 있고, 차량으로 15분 정도 떨어진 외곽에는 센트럴 푸켓, 빅씨 마트Bic C Mart, 테스코Tesco 비롯한 마트가 있어서 쇼핑하는 데 불편함이 없다.

2. 빠통 비치(Patong Beach),
까론& 까따 비치((Karon Kata Beach 즐기기

대부분 숙소는 해변과 가까운 곳에 있어서 해변을 즐기기에 좋다. 빠통 비치는 야자수 나무가 선사하는 시원한 그늘에서 달콤한 휴식을 취할 수 있다. 패러세일링, 제트 스키, 서핑 등을 하는 여행자도 많이 있다. 해변 건너편에는 다양한 식당이 있어서 물놀이를 하고 가기에 편리하다.

약 3㎞의 해변을 가진 빠통 비치부터, 까론 & 까따 비치|Karon&Kata Beach는 천혜의 자연환경과 얕은 수심, 적당한 수온으로 물놀이 하기에 좋은 조건을 갖추고 있다. 해변 근처에는 로컬 식당과 바, 전망 좋은 레스토랑도 있어서 휴식하기에 그만이다. 시간이 여유로운 여행객들은 푸켓 남부의 한적하고 보물처럼 숨겨진 비치를 찾아 떠나보자.

3. 역사 유적지

푸켓에는 태국에서 가장 큰 불상인 빅 붓다가 있어서 날씨가 좋은 날에 올라간다면 푸켓 타운, 찰롱만, 라와이 해변 등 남부의 아름다운 해안을 볼 수 있다. 바로 근처에는 푸켓 사람들의 정신적으로 크게 의지하고 있는 태국 불교 사원인 왓 찰롱이 있다. 가는 길에는 아이들이 좋아하는 코끼리 트레킹도 할 수 있는 곳도 있으니, 가족 여행객들은 중간에 들러서 코끼리 트레킹을 해보는 것도 좋을 것이다.

4. 섬 투어

안다만해에 있는 푸켓은 기암괴석으로 이루어진 멋진 절경의 섬들이 많다. 그래서 유독 섬 투어 상품을 많이 판매한다. 피피섬 투어, 제임스 본드 섬 투어를 전날 호텔 로비나, 여행 사에서 예약하면, 다음날 오전 7시~8시에 숙소로 픽업을 온다.

8시에 버스를 타고 1시간 정도 이동하여 미팅 장소로 이동해서, 간단한 섬 투어에 대한 설명과 물놀이 장비도 챙겨준다. 배를 타고 이동하면서 스노클링과 수영을 하면서 즐기기도 하고, 몽키비치에서 원숭이에게 먹이도 줄 수 있다. 푸켓에 왔다면 피피섬 투어나 제임스 본드 섬 투어, 둘 중 한 가지는 꼭 경험해 보고 가는 게 좋다.

5. 푸켓 판타씨

자녀나 부모님과 함께 가는 푸켓 가족 여행에서 가장 선호되는 푸켓 판타씨 테마파크는 푸켓에 대한 인상을 바꾸기에, 충분한 곳이다. 어마 마한 규모의 테마파크로서 3,000명이 들어가는 공연장과 4천 명이 들어가는 식당으로 규모 면에서 태국에서 단연 최고이다.

태국의 기원에 관한 내용을 화려한 특수 효과와 불꽃놀이, 코끼리 서커스 등으로 박진감 넘치게 구성해서 한시도 눈을 뗄 수가 없다. 공연장 주위에도 다양하게 즐길 거리가 있어서 공연 전후에 알차게 시간을 보낼 수 있다.

나의 여행스타일은?

나의 여행 스타일은 어떠한가? 알아보는 것도 나쁘지 않다. 특히 친구와 연인, 가족끼리의 여행에서도 스타일이 달라서 싸우기도 한다. 여행계획을 미리 세워서 계획대로 여행해야 하는 사람과 무계획이 계획이라고 무작정 여행하는 때도 있다.

무작정 여행한다면 자신의 여행 일정에 맞춰 추천 여행코스를 보고 따라가면서 여행하는 것도 좋은 방법이다. 계획을 세워서 여행해야 한다면 추천 여행코스를 보고 자신의 여행코스를 지도에 표시해 동선을 맞춰보는 것도 좋다. 레스토랑도 시간대에 따라 할인이 되는 예도 있어서 시간대를 적당하게 맞춰야 한다. 하지만 빠듯하게 여행계획을 세우면 틀어지는 것은 어쩔 수 없으니 미리 적당한 여행계획을 세워야 한다.

1. 숙박(호텔, YHA)

잠자리가 편해야(호텔, 아파트) / 잠만 잘 건데(호스텔, 게스트하우스)
다른 것은 다 포기해도 숙소는 편하게 나 혼자 머물러야 한다면 호텔이 가장 좋다. 하지만 여행 경비가 부족하거나 다른 사람과 어울린다면 호스텔이 뜻밖에 여행의 재미를 증가시켜 줄 수 있다.

2. 레스토랑 VS 길거리 음식

카페, 레스토랑 / 길거리 음식
길거리 음식에 대해 심하게 불신한다면 카페나 레스토랑에 가야 할 것이다. 그렇지만 태국은 쌀국수를 거리에서 아침에 일찍 현지인들과 함께 먹는 재미가 있다. 물가가 저렴하여 어떤 음식을 사 먹던지

여행 경비에 문제가 발생하는 경우는 없다. 관광객을 상대하는 레스토랑은 위생문제에 까다로운 것은 사실이어서 상대적으로 길거리 음식을 싫어한다면 굳이 사 먹을 필요는 없다.

3. 스타일(느긋 VS 빨리)

휴양지(느긋) 〉 도시(적당히 빨리)

자신이 어떻게 생활하는지 생각한다면 나의 여행 스타일은 어떨지 판단할 수 있다. 물론 여행지마다 다를 수도 있다. 휴양지에서 느긋하게 쉬어야 하지만 도시에서는 아무것도 안 하고 느긋하게만 지낼 수는 없다. 푸켓은 휴양지와 도시 여행이 혼합되어 있어 앞으로 여행자에게 더욱 인기를 끌 것이다.

4. 경비(짠돌이 VS 쓰고봄)

여행지, 여행기간마다 다름(환경적응론)
여행 경비를 사전에 준비해서 적당히 써야 하는데 너무 짠돌이 여행을 하면 남는 게 없고, 너무 펑펑 쓰면 돌아가서 여행 경비를 채워야 하는 것이 힘들다. 짠돌이 여행 유형은 유적지를 보지 않는 경우가 많지만, 푸켓는 유적지 입장료를 받지 않은 곳도 있으므로 무작정 안 들어가는 행동은 본인에게 손해이다.

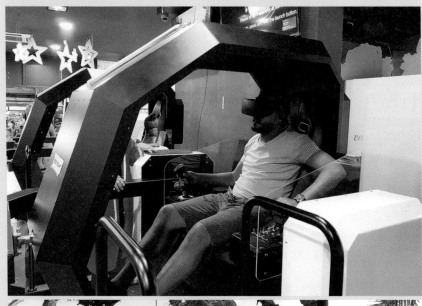

5. 여행코스(여행 vs 쇼핑)

여행코스는 여행지와 여행 기간마다 다르다. 푸켓은 쇼핑도 할 수 있고, 여행도 할 수 있으
며 맛집 탐방도 가능할 정도로 관광지가 멀지 않아서 고민할 필요가 없다.

6. 교통수단(택시 vs 뚜벅)

여행지, 여행 기간마다 다르고 자신이
처한 환경에 따라 다르지만, 푸켓은 어
디를 가든지 택시나 뚜뚝으로 쉽게 가
고 싶은 장소를 갈 수 있다. 푸켓 에서
버스를 탈 경우는 공항 이동뿐이다.

푸켓 여행코스

1일

리조트 조식 → 피피섬 투어(한국에서 출발 전에 예약하면 숙소로 태우러 온다.) → 점심
제공 → 오후 5~6시에 빠통 도착 → 햇빛에 노출된 피부와 몸을 편안하게 마사지 받기 →
해산물 식당에서 저녁 먹기 -> 휴식

2일

리조트 조식 → 정실론 쇼핑 → 점심 정실론 내 후지 식당에서 해결 → 햇빛에 노출된 피부
와 몸을 편안하게 마사지 받기 → 반잔 야시장 들려서 간식 사 먹기 →저녁에는 푸켓 판타
씨 공연 보기 → 숙소 도착

3일

리조트 조식 →제임스 본드 섬 투어 → 점심 제공 → 오후 4~5시에 숙소에 도착 → 반잔
야시장에서 저녁 식사 → 숙소로 돌아와 휴식 → 방라 로드 즐기기

4일

리조트 조식 → 차량 렌트 하기 → 까론 뷰 포인트 → 코끼리 트레킹→나이한 비치에서 점심→ 빅 붓다 → 왓 찰롱 사원→ 라와이 해산물 거리에서 해산물로 저녁 식사

5일

리조트 조식 → 패러 세일링 및 물놀이 즐기기 → 센트럴 푸켓 방문해서 쇼핑하기 → 푸켓 타운 쏨찟 국수에서 점심 먹기 → 햇빛에 노출된 피부와 몸을 편안하게 마사지 받기 → 카오랑 뷰 포인트 저녁노을 감상 → 저녁에는 푸켓 타운 선데이 마켓 둘러보기

141

나 홀로 여행 족을 위한 여행코스

홀로 여행하는 여행자가 급증하고 있다.
푸켓은 혼자서 여행하기에 좋은 도시이다.
먼저 취향에 맞는 다양한 숙소와 해변이
있고, 유럽의 도시처럼 멀리멀리 가는 코
스가 많지 않아서, 여행할 때 물어보지 않
고도 충분히 가고 싶은 관광지를 찾아갈
수 있다. 혼자서 마사지나 각종 투어를 즐
겨보는 것도 좋은 코스가 된다.

주의 사항

1. 숙소 위치가 가장 중요하다. 밤에 밖에
   있다가 숙소로 돌아오기 쉬운 위치가 가
   장 우선 고려해야 한다. 나 혼자 있는 것
   을 좋아한다면 호텔로 정해야겠지만, 숙
   소는 호스텔도 나쁘지 않다. 호스텔에서
   새로운 친구를 만나 여행할 수도 있고
   가장 좋은 점은, 모르는 여행 정보를 다
   른 여행자에게 쉽게 물어볼 수 있다는
   것이다.

2. 자신의 여행 스타일을 먼저 파악해야 한다. 가고 싶은 관광지를 우선 선정하고 하고 싶
   은 것과 먹고 싶은 곳을 적어 놓고 지도에 표시하는 것이 중요하다. 지도에 표시하면 자
   연스럽게 동선이 결정된다. 꼭 원하는 장소를 방문하려면 지도에 표시하는 것이 좋다.

3. 혼자서 날씨가 좋지 않을 때 해변을 가는 것은 추천하지 않는다. 걸으면서 해안을 봐야
   하는데 풍경도 보지 못하지만, 의외로 해변에 자신만 걷고 있는 것을 확인할 수도 있다.
   돌아오는 길을 잃어서 고생하는 일도 발생할 수 있다.

4. 푸켓의 각종 투어를 홀로 즐기면서 고독을 즐겨보는 것이 좋다. 투어는 시간이 7시간 이
   상 정도는 미리 확보하는 것이 필요하다. 사전에 숙소에서 투어를 예약하고 출발과 돌아
   오는 시간을 미리 계획하여 하루 일정을 확인할 것을 추천하다.

5. 쇼핑하고 싶다면 사전에 쇼핑목록을 적어 와서 마지막 날에 몰아서 하거나 날씨가 좋지
   않을 때, 숙소로 돌아갈 때 잠깐 쇼핑하는 것이 좋다.

여유로운 빠통 시내 구경
+ 빠통 비치에서 해양 스포츠 즐기기 + 해산물 저녁

1, 2일 차 여유롭게 빠통 즐기기

푸켓에서 하고 싶은 것을 모두 하고 싶다면 4일은 있어야 가능하다. 티웨이항공을 이용하지 않고 대한항공이나 아시아나 항공을 이용하면 밤늦게 푸켓 공항에 도착한다. 1일 차에는 숙소에서 휴식을 취하는 게 좋다. 2일 차에는 여유롭게 가벼운 옷차림으로 빠통 시내를 돌아다니고, 앞으로 갈 맛집 지도를 하나하나 머릿속으로 그려보자.

점심을 해변 식당에서 야자수를 시켜놓고, 팟타이와 똠얌꿍을 시켜서 먹자. 더운 낮에는 마사지가 최고다. 비치로드 근처에 있는 릴렉스 스파에서 그동안 쌓인 피로를 풀고, 해 질 무렵 빠통 비치의 저녁노을을 보면서 산책을 즐기고, 근처에 있는 해산물 식당에서 저녁을 먹고 숙소로 돌아오자.

공항 → 숙소 이동 → 휴식 → (2일 차 시작) 빠통 시내 구경 → 빠통 비치에서 패러 세일링 → 릴렉스 마사지에서 마사지 받기 → 사보이 레스토랑에서 해산물 저녁 식사 → 노을 지는 바다 즐기기 → 휴식

3일차 피피섬 투어 + 반잔 야시장 구경 + 나이트 라이프

3일 차에는 바다를 바라보며 여유롭게 하루의 여행을 생각하며 커피를 마시는 것도, 바쁜 일상을 벗어나 여행을 즐기는 방법이다. 간단하게 조식을 하고 호텔에서 기다리고 있으면

여행사 차량이 픽업을 나온다. 보트를 타고 섬을 돌면서 수영, 스노클링도 하고, 점심 시간에는 아름다운 배경 한가운데서 맛있는 점심을 먹는다. 4시쯤 투어가 끝나고 숙소로 돌아와서 간단한 정비를 한다. 오래간만에 하는 수영이나 스노클링으로 뭉친 근육을 풀어주러 마사지를 받으러 가면 된다. 마사지를 받고 빠통 비치로 가서 석양을 보면서 여유로운 해변을 즐겨보자.

정실론에 가서 기념품을 사거나 빅 씨 마트에서 숙소에서 먹을 간식을 사러 간 다음, 방라 로드의 뜨거운 밤 문화를 즐기로 나가자.

해가 뜨는 바다 바라보기 → 해변 커피숍에서 커피 한 잔의 여유 즐기기 → 피피섬 투어 시작 → 숙소 도착 → 마사지 → 해변 석양 보면서 걷기 →정실론 → 방라 로드 나이트 라이프

4, 5일 차
저녁 비행기를 타고 한국으로 가야 해서 오전엔 호텔 숙소에서 조식을 먹은 다음 푸켓 타운으로 가서 중국풍의 멋진 건물을 배경으로 사진을 찍고, 쏨찟 국수도 방문을 방문한다. 빠통으로 돌아오는 중간에 있는 센트럴 푸켓에서 쇼핑을 하고, 숙소로 돌아와 바다가 보이는 해변 테이블에서 점심을 먹고 공항으로 출발을 하면 된다.

자녀와 함께하는 여행코스

푸켓은 자녀와 함께 여행을 떠나는 가족
여행지로 인기가 많은 곳이다. 유럽여행에
서 아이와 여행을 하다 보면 무리하게 박
물관을 많이 방문하는 것은 아이들의 흥미
를 반감시키는데 푸켓은 그럴 가능성이 없
다. 자녀와 여행을 하면 실패하는 요인은
부모의 욕심으로 자녀가 싫어하는 것이 무
엇인지 모르는 것이다. 자녀와의 여행에서
중요한 것은 많이 보는 것이 아니고 즐거
운 기억을 남기는 것이라는 사실을 인식해
야 한다. 특히 푸켓의 코끼리 트레킹이나

섬 투어는 재미가 있으므로 아이들은 다시 오고 싶은 여행지가 될 가능성이 크다.

주의사항

1. 숙소는 푸켓 시내의 호텔로 정하는 것이 이동 거리를 줄이고 원하는 관광지로 쉽게 이동
   할 수 있다.

2. 비행기로 들어온 첫날 외곽으로 이동하면 아이는 벌써 힘들어한다는 것을 인식하자. 코
   스는 1일 차에 해변에서 모래 놀이를 하면서, 해산물을 먹는 것이 아이들이 가장 좋아하
   는 코스이다.

3. 2일 차에 외곽으로 이동할 계획을 세우는 것이 좋다. 사전에 유적지 투어를 신청하면 숙
   소까지 여행사 차량이 오기 때문에 힘들지 않다. 미리 시원한 물과 선크림을 준비해 이
   동하면서 아이들이 강렬한 햇빛에 노출되어도 아프지 않도록 준비하는 것이 좋다. 온종
   일 너무 많은 햇빛에 노출되는 것은 좋지 않다.

4. 유적지에서 아이가 걷는 것을 싫어한다면 사전에 물이나 먹거리를 준비해서 먹으면서,
   다닐 수 있도록 해주는 것이 아이의 짜증을 줄이는 방법이다. 오전에 일찍 출발하면 중
   간에 점심까지 먹고 유적을 보면 의외로 시간이 오래 소요된다. 이럴 때 유적지를 그냥
   보지 말고 간단하게 설명을 해서 이해를 넓힐 수 있도록 도와주는 것이 앞으로 여행에
   서도 관심을 증가시킬 수 있다.

5. 돌아오는 날에는 쇼핑하면서 원하는 것을 한꺼번에 구매하는 게 좋다. 공항으로 돌아가는
   시간을 잘 확인하는 것이 중요하다. 택시를 이용해 시간을 정확하게 맞추는 것이 좋다.

1, 2일 차

푸켓 공항에 오후 늦게나 아침에 도착해 택시나 밴을 타고 숙소로 이동해 휴식을 취한다. 2일 차에는 빠통 위주로 둘러보는데 되도록 정실론을 중심으로 둘러보는 코스로 정한다. 호텔에서 조식을 먹고, 빠통 비치에 가서 물놀이와 깨끗한 해변에서 모래 놀이와 해양 스포츠를 즐긴다.

오후에는 햇살이 강하기 때문에 숙소에 들어가서 휴식을 취하거나 마사지를 받으러 간다. 휴식을 취하고 나와서 다양한 공룡 모형이 있는 다이노 파크에 들려서 엄마팀, 아빠팀을 나눠서 미니 골프 경기를 한다. 저녁에는 해변이 바라다보이는 식당에서 저녁을 먹고 빠똥 해변을 산책하고 숙소로 복귀한다.

공항 → 숙소로 이동 → 휴식(1일 차) → (2일 차 시작) 호텔 조식 → 빠통 비치에서 물놀이 하기 → 다이노 파크에서 미니 골프 경기 → 해변이 보이는 식당에서 해산물로 저녁 먹기

3일 차

3일 차에는 피피섬 투어를 하면 된다. 8시 정도에 픽업을 숙소로 오니 미리 준비해야 한다. 피피섬 투어에서는 수영이나, 스노클링이 가능하므로 수영복이나 아이들 간식을 챙기는 것을 잊지 말자. 숙소에서 나와서 미팅 장소로 가면 간단한 투어 일정과 장비를 챙겨준다. 레오나르도 디카프리오의 "더 비치"에 나와서 전 세계적으로 유명세를 치른 마야 베이, 원숭이를 가까이에서 볼 수 있는 몽키 비치를 방문한다.

12시쯤 점심을 먹고 근처 산호와 물고기가 많은 곳에서 수영과 스노클링을 한다. 중간에 제법 많은 시간이 주어지기 때문에 아이들과 모래 놀이, 수영을 할 수 있다. 너무 깊은 곳으로 가지 않게 주의해야 한다. 투어를 마치고 돌아와서 숙소에서 휴식을 취한 다음 까말

라 근처에 있는 푸켓 판타씨에 가서 화려한 공연을 감상해보자.
섬 투어를 한 다음 공연을 보는 거라 피곤할 수 있으니 꼭 재운 다음에 가는 게 좋다. 비싼 공연인데 중간에 잠을 자면 속이 터진다.

숙소 → 피피섬 투어 → 숙소 도착 후 휴식 → 푸켓 판타씨 방문

4, 5 일차

시내 주요 관광지를 둘러 봤다면, 아이들이 좋아하는 코끼리 트레킹을 하러 가자. 한국에서는 동물원에만 있는 코끼리를 직접 보고, 만지고, 코끼리에게 직접 바나나를 먹이로 준다. 코끼리 트레킹을 마치면 코끼리 쇼를 볼 수 있다. 새끼 코끼리가 나와서 온갖 재롱을 부려서 아이들이 특히 좋아한다. 근처에 있는 왓 찰롱 사원도 들리기에도 좋다. 푸켓 타운에 들려서 푸켓의 역사에 대해 알려주고, 센트럴 푸켓과 빅 씨 마트에 귀국 선물로 좋은 푸켓의 특산품을 구매하고, 숙소로 돌아와 공항으로 출발하면 된다.

해변 휴식 → 코끼리 트레킹 → 코끼리 쇼 → 왓 찰롱 →귀국 선물 구매하기→ 푸켓 공항으로 출발

연인이나 부부가 함께하는 여행코스

연인이나 부부가 여행을 와서 즐거운 추억을 남기려면 남자는 연인이나 부인이 좋아하는 맛집을 미리 가이드 북을 보면서 위치를 확인하는 것이 좋다. 하루에 2번 정도 레스토랑이나 카페를 미리 상의하는 것도 좋은 방법이다. 여행코스는 기억에 남을만한 명소를 같이 가서 추억을 남기는 것이 포인트다.

주의 사항
1. 숙소는 빠통에 있는 호텔로 내부 시설을 미리 확인하는 것이 좋다.

2. 도착 첫날은 숙소로 빠르게 이동하여 쉬고 다음 날부터 여행 일정을 시작하는 것이 좋다. 낮에 도착했다면 시내를 둘러보

면서 바로 옆에 있는 해변이나 발 마사지 같은 휴식을 취하는 일정이 좋다. 특히 해변의 일몰 풍경은 같이 보는 것이 중요하다.

3. 푸켓의 대표적인 레스토랑인 사보이에는 항상 손님들로 자리가 꽉 차므로, 가려고 한다면 조금 일찍 가는 것이 좋다. 해산물은 레스토랑이 끝나는 시간에 가면 더 저렴하게 많은 해산물을 먹을 수 있다.

4. 여행하다가 길을 잃어버릴 수도 있으니 사전에 구글맵을 사용해 숙소의 위치를 확인해 두는 것이 좋다. 더운 날 길을 혹시라도 잃어버려 헤맨다면 분위기가 좋을 수 없다.

5. 쇼핑할 시간이 필요하다면 식사를 하고 소화를 시키면서 쇼핑을 하는 것이 편하다.

6. 우기에 여행한다면 날씨를 미리 확인해야 한다. 우기에는 소나기성 비인 스콜이 갑자기 내리기 때문에 우산이 없으면 한순간에 비 맞은 생쥐 꼴이 될 것이다.

3박 5일 여인, 부부가 함께 즐기는 푸켓 여행

여유로운 시내 투어 + 빠통 비치 + 사이먼 쇼 또는 판타씨 공연 관람

1, 2일 차
오후나 밤늦게 도착하면 택시나 밴을 타고 숙소로 이동해 휴식을 취한다. 2일 차에는 오전에는 호텔에서 편안하게 조식과 수영장을 즐기고, 빠통 정실론 쪽에 있는 고급 마사지 가게에서 마사지를 받는다. 점심은 정실론 안에 있는 식당에서 해결하고, 햇살이 약해지는 오후 3시쯤 빠통 비치로 가서 물놀이 및 패러 세일링, 제트 스키 등의 해양 스포츠를 즐긴다. 숙소로 돌아와서 휴식을 취한 다음 푸켓 판타씨 공연이나 사이먼 쇼를 관람하러 간다.

공항 → 숙소 이동 → 휴식(1일 차) → (2일 차 시작) 호텔 조식 & 수영장 이용 → 마사지 받기→ 빠통 비치에서 해변 즐기기 → 푸켓 판타씨 공연이나 사이먼 쇼 관람

3일 차 제임스 본드 섬 투어
3일 차에는 푸켓 여행의 하이라이트인 섬 투어를 하면 된다. 섬 투어는 중간에 수영과 스노클링을 하므로 미리 수영복, 선크림, 스노클을 준비해 가는 게 좋다.
섬 투어는 아침부터 시작해서 저녁 6시쯤 끝난다. 섬 투어가 끝나면 숙소로 오는 길에 마사지를 받는 게 좋다. 숙소에서 휴식을 취한 다음, 로맨틱한 분위기의 라 그리따에서 해지는 바다를 보면서 식사를 하자. 식사가 끝나면 그동안 미뤄뒀던 빠통의 밤 문화를 즐기러 방라 로드에 방문해서 다양한 공연과 그동안 쌓인 스트레스를 클럽에서 한 방에 날려보자.

숙소 → 호텔 수영장 → 제임스 본드 섬 투어 → 마사지 → 라 그리따에서 저녁 식사 → 야시장 및 방라 로드의 나이트 라이프

4, 5일 차

섬 투어를 하고 난 다음에는 시내 관광지를 둘러 봐야 한다. 푸켓은 교통비가 비싸므로 1일 투어 택시를 이용해서 관광하러 다니는 것을 추천한다. 현지인이 타는 썽태우는 좌석도 불편하고 노선도 많지 않아서, 관광하기가 쉽지 않다.

전날 미리 택시를 예약해서 아침부터 부지런히 움직인다면 마지막을 보람차게 보낼 수 있을 것이다. 숙소에서 조식을 먹고, 택시가 오면은 먼저 까론 뷰 포인트에 가서 아름다운 해변을 배경으로 사진을 찍고, 내리막길에 있는 코끼리 트레킹에 참가해보자. 바다를 보면서 코끼리를 타는 게 의외로 재미있다. 점심은 해산물로 유명한 라와이 해산물 거리에 가서 저렴하고 푸짐하게 각종 해산물을 먹자.

푸켓 타운으로 이동해서 고풍스러운 건물들과 카오랑 뷰 포인트의 카페에서 푸켓 타운을 내려다보면서 커피를 마시자. 숙소로 오는 길에 있는 센트럴 푸켓과 빅 씨 마트에 들려서 쇼핑하면 공항 가는 시간이 얼마 남지 않았을 것이다. 저녁에는 다시 한번 맛보고 싶은 맛집에서 식사를 마치고 푸켓 공항으로 이동하자.

호텔 조식 → 까론 뷰 포인트 → 코끼리 트레킹 → 빅 붓다 → → 왓 찰롱→ 라와이 해산물 거리에서 점심→ 푸켓 타운→ 센트럴 푸켓에서 쇼핑 → 숙소→ 푸켓 공항

친구와 함께하는 여행코스

친구와 여행하는 것은 평소에 못 해보는 경험을 하기 위한 것이다. 날씨가 좋다면 해변에서 해양스포츠를 하거나, 저녁노을이 지는 풍경을 보고 이야기 나누는 것을 추천한다. 또한, 힘들게 운동을 하고 나서 같이 발 마사지 등을 받으며 피로도 풀고 추억도 만들 수 있다.

주의 사항

1. 숙소는 시내로 정해 위치를 확인하는 것이 좋고 호스텔도 나쁘지 않다.

2. 친구와 가고 싶은 곳을 서로 이야기하고 공유하고 같이하고 싶은 곳과 방문하고 싶은 곳이 일치하는 곳을 위주로 코스를 계획하고 서로 꼭 원하는 장소를 중간에 방문하는 것이 좋다.

3. 여자끼리 여행이라면 해변을 걸으면서 풍경을 보고 이야기하는 것을 추천한다. 날씨가 좋으면 풍경이 아름다운 해변에서 서핑도 하면서 좋은 추억을 남길 수 있다.

4. 마사지를 즐겨보는 것이 좋다. 발 마사지는 가장 쉽게 받을 수 있는 마사지이고 타이 마사나 발 마사지는 1시간 정도는 미리 확보하는 것이 충분히 마사지를 즐기는 방법이며 사전에 마사지 가게를 돌아보면서 가격을 흥정하면서 청결한지를 같이 확인하는 것이 좋다.

5. 쇼핑은 인근에 정실론이나 센트럴 푸켓을 비롯한 다양한 마트가 있다. 폐장하기 1시간 전에 들어가서 할인이 되는 제품이 있을 수 있으니 확인하고 쇼핑하는 것이 좋다. 태국 말린 망고나 소스 등 한국인이 많이 구매하는 제품을 구매하면 된다.

3박 5일 친구와 함께 재미있는 엑티비티를 즐기는 여행코스

1, 2일 차

1일 차에 푸켓 공항에서 입국 심사를 마치고 나면 택시나 밴을 타고 숙소로 향한다. 오전에는 숙소 수영장에서 휴식을 취하고 오후에는 바통 비치에서 물놀이를 하면서 신나게 즐긴다. 점심은 해변 식당에서 바닷바람을 맞으면서 그동안 먹고 싶었던 태국 음식을 마음껏 시켜서 먹는다. 햇빛이 강한 시간에는 정실론 근처에 있는 마사기 가게에서 마사지를 받으며 피로를 풀고. 숙소 가는 길에 투어 회사에 들러 다음날 스쿠버 다이빙이나 카약을 신청한다. 저녁에는 복장을 잘 갖춰 입고 방라 로드로 가서, 빠통의 열기를 온몸으로 느껴보자.

공항 → 숙소 → 휴식(1일 차) → 해변 즐기기 → 마사지 → 방라 로드 나이트 라이프 즐기기

3일 차

엑티비티는 아침 7~8시 사이에 여행사에서 숙소로 픽업을 온다. 투어 참가자가 모이면 이동해서 엑티비티를 한다. 스쿠버 다이빙은 근처 선착장으로 이동해서 출발한다. 햇빛에 노출되기 때문에 선크림을 바르고. 아침을 든든하게 먹는 것이 좋다. 스쿠버 다이빙이 끝나고 숙소 근처에서 마시지를 받자. 숙소에 와서 휴식을 취한 후 정실론 근처에 있는 투 쉐프에 들려서 라이브 음악과 스테이크를 먹어보자. 빠통 비치를 천천히 산책한 다음. 방라 로드에서 어제 못 즐긴 것을 즐겨보자.

아침 식사 → 엑티비티 장소로 이동 → 엑티비티 즐기기(~16시) → 휴식 → 저녁 식사 → 해변 산책 → 방라 로드 즐기기

4, 5일 차 피피섬 투어

간단하게 조식을 하고 호텔에 기다리고 있으면 여행사 차량이 픽업을 나온다. 보트를 타고 섬을 돌면서 수영, 스노클링도 하고, 점심에는 아름다운 바다와 기암괴석이 보이는 한가운데서 맛있는 점심을 먹는다. 5시쯤 투어가 끝나고 숙소로 돌아와서 간단한 정비를 하면 좋다. 오래간만에 하는 수영이나 스노클링으로 뭉친 근육을 풀어주러 마사지를 받으러 가면 된다. 마사지를 받고 나서 정실론으로 가서 쇼핑하면서 여행을 마무리한다.

픽업 후 이동 → 피피섬 투어(수영, 스노클링, 점심, 해변 산책) → 마사지 →저녁 식사 → 쇼핑 → 공항

부모와 함께 하는 효도 여행코스

부모님과 함께하는 푸켓 여행도 미리 고려해야 할 것을 생각하고 있으면 좋은 여행이 될 것이다. 부모님과 여행을 하려면 무리하게 볼 것을 코스에 많이 넣기보다, 인상적인 관광지 등을 방문하는 것이 흥미를 유발한다. 옛 분위기를 연출하는 푸켓 타운의 길거리, 쌀국수, 분위기가 있는 레스토랑에서 먹는 해산물은 부모님께서 좋아하신다. 부모님과 여행하면서 주의해야 할 점은, 너무 많이 걸으면 피곤해하시기 때문에 동선을 줄여 피곤함을 줄이고 여행의 중간중간 마시고 조금씩 먹어서 기력을 회복하시고 여행할 수 있도록 하는 것이다. 다만 요즈음 건강관리를 잘하신 부모님은 자식보다 잘 걷는 경우가 있어도, 부모님의 건강을 미리 가늠하고 출발하는 것이 좋다.

주의 사항

1. 숙소는 빠통 중심가의 호텔로 정하는 것이 좋다. 이동 거리를 줄이는 것뿐만 아니라 호텔의 시설도 좋으면 만족도가 높다. 한국인 민박이나 아파트보다 호텔을 좋아하신다.

2. 비행기로 들어온 첫날 숙소가 관광지와 가까워야 여행이 쉽게 시작된다. 걷다가 레스토랑이나 해산물을 직접 보고 들어가서 먹는 음식을 부모님이 좋아하시는 것을 경험하였다. 코스는 1일 차에 시내에서 같이 즐기고 다양한 맛집을 좋아하시는 경향이 있다.

3. 2일 차에 외곽으로 이동한다면 해양 스포츠 같은 몸으로 활동하는 것보다는 해변이나 빅 붓다, 왓 찰롱 등의 유적지를 보는 것을 더 좋아하신다.

4. 푸켓 근처에 있는 동물원을 방문해보는 것도 좋다. 우리에게 잘 알려진 악어 입에 머리 넣기, 코끼리 쇼, 원숭이 쇼 등 편안하게 앉아서 즐길 수 있으면 부모님들은 좋아하신다.

5. 외곽으로 이동할 때는 택시를 예약하고 출발과 돌아오는 시간을 미리 계획하는 것이 부모님의 피로를 고려하는 방법이다.

6. 돌아오는 날에는 쇼핑하면서 원하는 것을 한꺼번에 사면서 공항으로 돌아가는 시간을 잘 확인하는 것이 좋다. 버스보다는 택시를 이용해 시간을 정확하게 맞추는 것이 좋다.

시내 투어 + 왓 찰롱 + 빅 붓다 + 라와이 해변

1, 2일 차 여유롭게

푸켓에서 부모님과의 여행 일정을 여유롭게 계획해야 탈이 나지 않는다. 공항에 도착하면 택시나 밴을 타고 숙소로 이동해 휴식을 취한다. 오전에는 호텔에서 휴식을 취하고, 태국에서 가장 큰 불상이 있는 빅 붓다를 보고, 근처에 있는 왓 찰롱에 가서 태국 불교 사원을 구경한다. 푸켓은 한낮에는 날씨가 더우므로, 항상 부모님 상태를 확인해서 의견을 물어보는 게 좋다. 라와이 선착장 근처에 도착해서 마사지를 받고, 해산물 거리에서 저렴한 가격으로 해산물을 먹자. 숙소에 돌아와서 가볍게 쉰 다음 해 질 녘 해변으로 나가 노을 지는 광경을 부모님과 함께 보자.

공항 → 숙소 이동 → 휴식(1일 차) →(2일 차 시작) 까론 뷰 포인트 → 빅 붓다 → 왓 찰롱 → 마사지 → 해산물 점심 → 노을 지는 해변 부모님 손 잡고 걷기 → 휴식

3일 차 피피섬 투어

3일 차에는 피피섬으로 출발하자 푸켓에 왔으면 꼭 들려야 하는 섬이다. 그 전날 예약한 배를 타고 섬에 들어가서 수영도 하고, 스노클링도 하고, 휴식을 취하면서 제대로 된 휴양을 즐기면 된다. 맛있게 점심을 먹고, 야자수 그늘 밑에서 시원한 수박 주스도 마셔보자. 투어가 끝나고 시내로 돌아와서 마시지 가게를 방문하고, 저녁에는 반잔 야시장에 들려서 현지인들의 삶을 엿보자. 숙소 돌아오는 길에 방라 로드를 함께 구경하고 라이브 음악이 흐르고 해변이 보이는 곳에서 부모님과 맥주 한잔을 하면서 여행에 관해 이야기해 보자.

숙소 → 조식 → 피피섬 투어→ 마사지 → 반잔 시장 → 방라 로드 구경하기

Palong

빠통

빠통 비치
Paton Beach

푸켓Phuket 여행은 빠통Patong에서 시작해서 빠통Patong으로 끝난다는 말이 있을 정도로 푸켓Phuket을 방문하는 관광객들은 꼭 들리는 핵심 관광지다. 저렴한 길거리 음식점에서 빠통비치Patong Beach가 보이는 고급 레스토랑까지, 저렴한 숙소에서 세계적인 호텔 체인 리조트까지, 다양하게 선택할 수 있다. 불교의 나라에서 과연 이런 곳이 존재할까 하는 의문을 품게 할 정도로 현란하고 화려한 빠통Patong의 밤거리는 태국의 비밀스러운 모습을 들여다볼 좋은 기회이다.

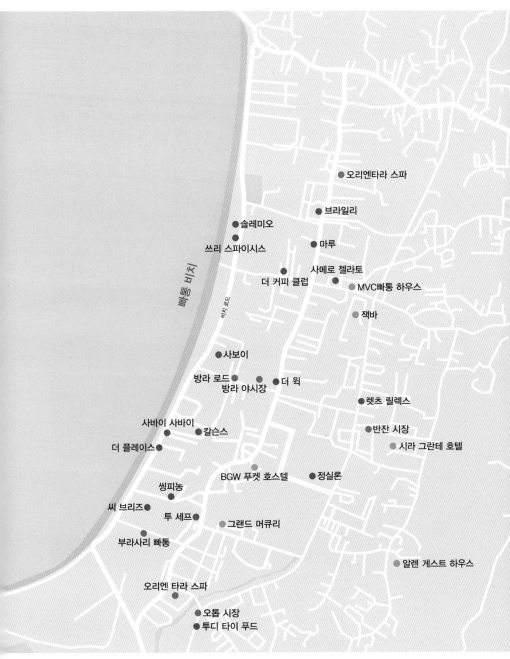

오리엔타라 스파

브라일리

솔레미오

쓰리 스파이시스

마루

사메로 젤라토

더 커피 클럽

MVC빠통 하우스

잭바

빠통 비치

비치 로드

사보이

방라 로드

방라 야시장

더 웍

렛츠 릴렉스

사바이 사바이

칼슨스

반잔 시장

더 플레이스

시라 그란테 호텔

BGW 푸켓 호스텔

정실론

씽피농

씨 브리즈

투 세프

그랜드 머큐리

부라사리 빠통

알렌 게스트 하우스

오리엔 타라 스파

오톱 시장

투디 타이 푸드

빠통 비치
Paton Beach

푸켓Phuket에서 가장 유명한 해변이다. 초승달 모양으로 하얗게 펼쳐진 해변은 깊이가 깊지 않고, 파도도 적당하여 항상 관광객들로 활기가 넘치는 곳이다.

해변에는 제트 스키, 패러 세일, 바나나보트 등 다양한 해양 스포츠를 즐길 수가 있다.

날씨가 좋은 날에 가면 모래사장 곳곳 선베드에 누워 일광욕을 즐기는 커플과 바다가 보이는 해변 식당에서 한가하게 해산물 요리와 맥주를 마시는 친구들, 노을지는 아름다운 풍경을 감상하는 노부부를 볼 수 있다.

PHUKET

방라 로드
Bangla Road

빠통Patong이 푸켓Phuket의 관광 중심이라 면 방라 로드Bangla Road는 빠통의 유흥 중 심이다. 해 질 무렵 하나둘씩 가게들이 열 리면 관광객들도 길거리를 가득 채우기 시작한다.

라이브 뮤직바에서 흘러나오는 귀에 익 숙한 신나는 음악, 눈길을 어디에다 두어 야 할지 모르는 춤추는 무희들, 나이트클 럽의 현란한 호객행위, 물랑로즈의 화려 한 드레스 입은 까토이(여장남자)와 포토 타임등 푸켓의 뜨거운 밤을 보내고 싶으 면 짐을 풀고 당장 달려가 보자.

아침부터 낮에는 차들이 통행할 수 있지 만, 18시부터 새벽 4시까지는 차를 통제 해서 보행만 가능하다. 정실론 가기 바로 전에 있어서 찾아가기 쉽다. 빠통의 또 다 른 모습을 즐기고 싶다면 꼭 밤에 가보도 록 하자.

비치 로드
Beach Road

빠통 비치에 바로 인접한 도로이다. 해변 쪽 도로에는 고급 리조트와 쇼핑 상점이 몰려있고, 반대편에는 편의점, 써브웨이, 노점상과 다양한 레스토랑이 있다.

유명한 해산물 레스토랑과 라이브 음악이 흐르는 다양한 컨셉의 가게들이 있어서 걸어 다녀도 지루하지 않다.

태국어로 따위웡 로드Thaweewong Road라고 불리며, 일방통행이니 차량을 렌트시 주의하기 바란다. 푸켓 타운을 왕복하는 버스 정류장도 해변 남쪽에 있다.

반잔 시장
Banzaan market

정실론 후문으로 나가서 큰길(라우팃 로드)를 건너면 현대식의 깔끔한 상설 재래시장을 볼 수 있다.

1층에는 다양한 열대과일, 싱싱한 채소, 푸켓 근해에서 잡은 다양한 해산물, 건어물, 각종 돼지고기를 판매하고 있고, 2층에는 저렴하게 태국 전통요리를 먹을 수 있는 푸드 코트가 있다.

오후 5시부터는 반잔 시장 주위는 먹거리 야시장으로 변한다. 해산물 요리, 꼬치구이, 생과일주스 등을 저렴하게 맛볼 수 있어서 항상 관광객들로 북적인다. 정실론에서 쇼핑을 마치고 싱싱한 과일을 사서 숙소로 가지고 가기에 좋다. 해산물은 가끔 덜 익힌 상태에서 주기도 하니까 꼭 잘 익혀달라고 하는 게 좋다.

주소_ 181 Rat-U-Thit 200 Pee Rd., Patong
영업시간_ 07시~17시

방라 야시장
Bangla Night Market

방라 로드에 들어가서 10m정도 가면 오른쪽에 있는 먹거리 야시장이다.
해산물 요리, 각종 꼬치구이, 과일 주스를 판매하고 있다. 한국에서는 볼 수 없는 개구리 꼬치구이나 악어 바비큐 요리도 팔고 있으니 도전해 보기 바란다. 방라 로드에서 열정을 불태운 후 허기진 배를 채우러 오는 관광객들로 항상 자리가 만석이다. 길거리 양쪽에 음식을 팔고, 가운데에는 편안하게 앉아서 먹을 수 있는 테이블이 있다. 방라 야시장은 클럽이 마치는 새벽까지 운영한다.

주소_ Dtambon Patong, Kathu District
영업시간_ 16시~01시

카투 시장
Kathu fresh market

빠통에서 푸켓 타운으로 넘어가는 길에 위치해서 현지인들이 주로 이용하는 재래시장이다. 싱싱한 과일과 채소 각종 해산물을 저렴하게 판매하는 곳이다.
간식도 판매하니 현지 시장이 궁금하다면 푸켓 타운 가는 길에 한 번 방문해 보기 바란다. 현지인 시장답게 일찍 열고 일찍 닫으니 시간을 확인하고 가기 바란다.

오톱 야시장
Otop seafood night market

정실론에서 까론으로 가는 길에 있는 야시장이다. 랍스타에서 새우까지 다양한 해산물 요리와 닭튀김, 돼지고기 꼬치 등 취향에 맞게 먹을 수 있는 음식으로 가득하다.
상설 매장으로 가게마다 넓은 공터에 테이블을 갖추고 있어서 시원한 바람을 맞으며 먹기 좋고 방라 로드에 좀 떨어져 있어 한산하고 맥주는 따로 팔지 않는 곳도 있으니, 필요하다면 편의점에서 구매해와서 먹으면 된다.

주소_ 4 83120 71/4 Tambon Kathu, Amphoe Kathu, Chang Wat Phuket 83120 태국
영업시간_ 5시~14시

주소_ Pathum Wan, Pathum Wan District
영업시간_ 10시~24시

무에 타이 쇼
Muay Thai Show

태국의 인기 스포츠이자, 국기라고 할 만큼 태국인뿐만 아니라 세계인들에게 사랑받고 있는 격투기 스포츠이다. 태국에서 무에타이 경기는 각종 방송사에서 생중계 할 정도로 인기가 많은 스포츠이다. 푸켓에서는 유명한 무에 타이를 바로 앞에서 볼 수 있다. 빠통 밤거리를 걷다 보면 무에타이 경기를 홍보하러 나온 트럭 위에서 무에 타이 복장을 한 선수들이 시범을 보이는 장면을 쉽게 볼 수 있다. 경기는 반잔 시장 맞은편에 있는 방라 복싱 스타디움에서 열린다.

푸켓을 방문하는 기념으로 박진감 넘치는 무에타이 경기를 직접 관람해 보자. 현장에서 표를 구매하는 것보다 티켓 사이트에서 예약하면 저렴하게 살 수 있다. 빠통 비치, 까론, 까타, 까말라가 숙소면 무료로 픽업해주고, 경기가 끝나면 데려다 준다.

경기가 끝나면 선수들과 기념촬영도 가능하다. 태국에 와서 체력 단련으로 배우다가 무에 타이의 매력에 빠져 선수로 데뷔하는 예도 많다고 한다.

방라 복싱 스타디움

주소 | 150 55 Tambon Patong
영업시간 | 수, 목, 금 21시~24시
요금 | 스타이움 1700B, 링 사이드 2000B,
　　　　　VIP 2500B
전화 | +66-64-061-5050
홈페이지 | banglaboxing.business.site

빠통 복싱 스타디움

주소 | 2 59 Sainamyen Rd, Tambon Patong
영업시간 | 수, 목, 금 21시~23시 30분
요금 | 일반석 1300B, 링 사이드 1500B,
　　　　　VIP 1800B(티셔츠 제공)
전화 | +66-0-817377193

사이먼 카바레
Simon Cabaret Show

빠통은 태국에서 최고의 트렌스젠더 쇼를 볼 수 있는 곳 중의 한 곳이다. 1991년 처음 공연한 이후 현재까지 푸켓에서 가장 유명한 공연 중 하나이다.
라스베이거스 공연과 비교해도 손색이 없을 정도로 웅장하고 화려하다. 화려한 의상으로 단번에 관람객들의 눈과 귀를 잡아버리는 배우들과, 지루할 틈이 없는 쇼들이 연달아 펼쳐진다.
쇼라고 너무 선정적이지 않을까 하는데 생각보다는 그렇지 않다. 어린이들도 관람이 가능할 정도로 수위 조절에 신경을 써서 그렇게 선정적이지는 않다. 밤이 화려한 푸켓에서도 사이먼 카바레 쇼는 그

화려함의 최고이다.
다양한 국적의 관광객들에게 맞춰서 각국의 전통의상을 입고 공연을 해주는데, 우리나라 관광객들을 위해서는 한복을 입고 부채춤 공연을 한다.
매일 3개의 공연이 이루어지고, 쇼가 끝나면 맘에 드는 배우들과 사진을 찍을 수 있는데, 다른 배우들도 몰려와서 같이 찍으면 각각 팁(100B)을 줘야 하니 꼭 알고 찍자. 공연 중 사진을 찍다가 걸리면 50,000달러 벌금을 내야 한다.

///

홈페이지_ phuket-simoncabaret.com
주소_ 8 Sirirat Rd, Tambon Patong, Amphoe Kathu, Chang Wat Phuket
영업시간_ 18시 30분, 19시 30분, 21시
요금_ 일반 600B, VIP 700B, 어린이(140cm 이하) 일반 500B, VIP 600B

넘버 6 레스토랑
No6 Restaurant

빠통에서 외국인 관광객에게 제일 유명한 현지 음식점이라는 칭호가 부끄럽지 않을 정도로 점심이나 저녁에 상관없이 항상 사람들로 북적이는 곳이다.
태국 요리부터 중국식 요리까지 맛있는 음식을 푸켓 물가에 비하면 저렴한 가격으로 제공한다. 식사 시간대나 늦은 오후에 가면 식당이 크지 않아서 밖에서 대기해야 먹을 수 있다.

오픈 식당이고 에어컨이 없어서 점심시간에 가면 편안하게 먹기가 힘들다. 물론 저녁에 가도 사람들의 열기로 편안하게 음식을 음미하면서 먹기는 쉽지 않다. 자리가 나면 다른 손님들과 합석을 해서 먹는 게 당연하게 여겨진다. 2호점도 근처에 있으니 대기 줄이 많으면, 셔틀로 2호점으로 가서 먹도록 하자.

주소_ 69 Soi Phrabarami 3, Tambon Patong, Amphoe Kathu, Chang Wat Phuket
영업시간_ 8시 30분~24시
요금_ 팟타이 80B, 소고기 쌀국수 70B, 돼지고기 덮밥 80B
전화_ +66-81-922-4084

샤브시
Shabu Shi

정실론에 있는 깔끔하고 잘 관리된 회전식 샤부샤부 뷔페이다. 1시간 15분 동안 샤부샤부 해산물, 고기, 채소, 디저트, 음료, 과일을 무제한으로 먹을 수 있는 곳이다. 테이블을 안내받으면 3종류의 육수(닭 육수, 똠얌 육수, 간장 육수)를 선택하고 국물이 끓기 시작하면 회전하는 컨베이어 벨트에서 먹고 싶은 재료를 골라 냄비에 넣고 익혀 먹으면 된다.
육수가 끓을 동안 식당 한쪽에 있는 초밥이나 튀김을 가져와서 먹으면 된다.

좌석은 혼자 먹을 수 있는 테이블과 4인석 좌석이 있다. 가족끼리 간다면 테이블로 안내를 부탁하면 된다. 분할된 냄비로 가져다 달라고 해서 닭 육수, 똠얌 육수 달라고 하면 된다. 향이 강한 태국 음식에 입에 맞지 않는다면 한 번쯤은 들리기에 좋은 곳이다. 회전으로 나오는 재료 중에 먹고 싶은 게 있으면 따로 직원에게 부탁하면 원하는 양만큼 가져온다. 제한 시간 10분씩 초과 시 20B씩 추가 요금이 붙는다.

위치_ 정실론 맥도날드 근처
영업시간_ 11시~22시
요금_ 성인 469B, 어린이(키 101~130cm) 239B
전화_ +66-76-366-766

브라일리
Briley Chicken and Rice

빠통 노보텔 맞은편에 있는 닭고기 덮밥
(까오만 카이), 족발 덮밥(까오 까무) 전문
점이다. 매장 입구에 있는 오픈 주방에서
는 온종일 닭고기와 족발을 삶고, 살을 발
라내느라 항상 바쁘다. 점심시간에 가면
식사하는 사람 포장해서 가져가는 사람
으로 항상 북적인다. 닭고기를 오랜 시간
푹 우려서 낸 국물과 그 육수로 밥을 지
어서 맛있는 밥이 이 집만의 자랑이다.
대표적인 메뉴는 닭고기 덮밥, 족발 덮밥,
튀긴 돼지고기 덮밥이 있다. 크기에 따라
서 가격이 달라진다. 덮밥과 같이 나오는

닭 육수는 닭곰탕에 나오는 육수와 비슷
해서 특히 한국인 입맛에 잘 맞는다. 같이
나오는 고추를 조금 넣어 먹으면 매콤하
게 먹을 수 있다.
푸켓에서 이 정도의 오랜 전통이 있고, 한
국 사람에게 잘 맞는 요리를 저렴한 가격
에 먹을 수 있다는 게 놀라울 뿐이다. 재
료가 소진되면 문을 닫으니 되도록 일찍
가는 것을 추천한다.

주소_ 143/6 Thanon Ratuthit Songroipi Rd,
Tambon Patong
영업시간_ 6시~20시
요금_ 치킨 라이스 60B/70B, 포크 라이스 60B/70B,
족발 덥밥 60B/70B, 망고 라이스 120B
전화_ +66-81-597-8380

PHUKET

크루아 촘 뷰
Krua Chom View

빠통 시내를 한눈에 볼 수 있는 전망으로
외국 여행자들에게 잘 알려진 식당이다.
위치가 빠통 시내에서 떨어진 산 중턱에
있어 교통편이 불편하지만, 충분히 감내
하고 갈만한 이유는 바통 시내를 한눈에
보면서 맛있는 식사를 할 수 있는 곳이기
때문이다.
실내는 태국 현지인 식당에 맞게 허름해

보이지만 대표메뉴인 생선요리, 돼지고
기 덮밥, 팟타이는 맛이 뛰어나다.
이 메뉴들과 어울리는 쏨땀은 꼭 필요한
요리이다. 저렴한 가격에 태국 요리를 환
상적인 경치를 보면서 먹을 수 있어서 외
국 여행자에게 인기가 많은 곳이다. 시간
이 된다면 해 질 무렵 방문해 보는 것이
좋다.

주소_ Sai 3 Road Patong
영업시간_ 11시~23시
요금_ 똠얌꿍 140B, 망고 샐러드 90B, 쏨땀 50B,
생선요리 350B
전화_ +66-89-875-5993

사바이 사바이
Sabai Sabai

식당 주위에 게스트하우스가 밀집되어 있어서, 태국 요리, 서양 요리를 저렴하게 먹을 수 있는 곳으로 배낭여행자들에게 인기가 많은 곳이다. 빠통 비치로드에 있어서 해변에서 놀다가 허기가 질 때 찾아가서 간단하게 식사를 해결할 수 있다. 매콤하고 시큼한 태국 대표 요리인 똠얌꿍과 싱싱한 채소와 양이 많은 얌 운센, 간장 소스에 볶은 팟씨유가 대표메뉴이다. 저녁 시간에는 항상 만석이라 대기를 해야 한다. 물가 비싼 빠통에서 합리적인 가격에 다양한 요리를 맛볼 수 있는 곳이다. 오전 일찍부터 영업을 하니 아침 먹기에도 좋은 곳이다.

주소_ Chuwong 3 Amphoe Kathu, Chang Wat Phuket
영업시간_ 8시~22시
요금_ 샌드위치 90B, 치즈버거 110B, 똠얌꿍 80B, 얌 운센 180B, 스테이크 355B
전화_ +66-76-340-222

사보이
Savoey Restaurant

빠통에서 고급 해산물 전문 식당으로 관광객들에게 유명한 곳이다. 푸켓 근해에서 잡은 싱싱한 해산물을 직접 골라서 원하는 방식으로 요리를 주문하면 된다. 입구에 랍스타, 타이거 새우, 꽃게, 생선, 조개 등 다양한 해산물이 진열대 가득 전시되어있어서, 원하는 생선을 고르면 바로 무게를 달아서 확인해 준다. 무게에 따라 요금이 부과되고, 조리요금은 포함되어 있다. 랍스타와 새우는 그릴 요리가 맛있고, 생선은 칠리소스 양념이 맛있다. 랍스터는 직접 종업원이 깔끔하게 살만 발라준다. 물가 비싼 푸켓에서도 비싸기로 유명하지만, 신선함과 맛있는 조리방법은 어느 식당도 따라올 수 없는 것 같다. 에어컨이 나오는 실내공간과 널찍한 야외공간에서 라이브 음악을 들으면서 식사를 할 수 있는 곳으로 나뉘고 한국어 메뉴판도 준비되어 있어서 주문하는 데 불편함이 없다. 해산물 전문 식당이기 때문에 기본적인 모닝글로리, 덮밥, 팟타이는 가격대비 비싼 편이니 굳이 여기서 먹을 이유는 없는 거 같다. 점심보다는 저녁에 방문하는 것을 추천한다.

홈페이지_ savoeyseafood.com

주소_ 136 Thawewong Rd, Tambon Patong, PATONG Chang Wat Phuket

영업시간_ 10시~12시

요금_ 랍스타 250B/100g, 타이거 새우 250B/100g, 생선 100B/100g, 꽃 게100B/100g

전화_ +66-76-341-171

칼슨스
Karlsson's

골목 안쪽에 위치해서 찾아가기 쉽지 않으나, 스테이크 맛집으로 관광객들에게 잘 알려진 곳이다. 육즙도 풍부하고 부드럽고 맛있는 스테이크를 합리적인 가격에 먹고 싶다면 꼭 가보도록 하자.
유럽풍의 실내 분위기와 깔끔한 테이블 세팅, 친절한 직원들이 있어서 여행 중 한 번쯤 분위기를 내고 싶다면 추천할 만한 식당이다. 스테이크와 어울리는 다양한 와인도 갖추고 있고, 피자도 있어서 아이들과 같이 가기에도 좋다.
한국어로 된 메뉴판도 제공하고 있어서 주문하는 데 큰 어려움은 없다. 주인이 직접 주문을 받으면서 자세히 설명도 해준다. 매주 금요일 저녁에는 다양한 고기, 샐러드가 나오는 바비큐 뷔페도 저렴하게 운영하고 있어서, 특히 인기가 많다.

주소_ 108/16 Thaweewong Road | Patong Beach, Patong, Kathu, Phuket
영업시간_ 8시~24시
요금_ 립아이 스테이크 695B, 안심 스테이크 775B, 비비큐 뷔페 399B
전화_ +66-76-345-035

롬 사이
Rom Sai

빠통에서 까말라로 가는 산 중턱에 자리 잡아서 전망이 뛰어난 현지 식당이다. 고급스러운 분위기는 아니지만, 절벽에 있어 전망이 끝내준다.

허름한 외관이지만, 안으로 들어가면 아기자기하게 꾸며진 계단과 나무 그네가 있어서 사진을 찍기에도 아주 좋고, 절벽 바로 위에 자리 잡은 테이블에 앉아서 바닷바람을 솔솔 맞으면서 식사를 할 수 있다. 빠통 시내보다 확실히 저렴한 가격과 누구나 먹어도 괜찮은 메뉴로 편하게 들려서 식사하기에 좋은 곳이다. 특히 해 질 녁에 가는 것을 추천한다. 절벽 위에 자리 잡고 있으므로 무모한 행동은 하지 않는 게 좋다.

주소_ Kamala, Kathu District, Phuket
영업시간_ 11시~21시
요금_ 새우 바질 볶음 160B, 모닝 글로리 50B,
새우 파인애플 볶음밥 100B, 똠얌꿍 150B

소이탄 뷔페 바비큐
Soitan Buffet BBQ

태국 로컬 분위기가 물씬 풍기는 해산물 무제한 뷔페이다. 한국식 바비큐와 샤부샤부를 같이 먹을 수 있는 무카타Mookata로 잘 알려진 곳이다. 자리에 앉으면 특이하게 생긴 불판을 가져다준다. 가운데에는 고기를 구워 먹을 수 있고, 주위에는 샤부샤부를 해먹을 수 있는 불판이다.

항상 손님이 많아서 재료가 신선하고, 푸켓에서 가격대비 만족도가 높은 곳이다. 새우, 꽃게, 조개 등 싱싱한 해산물과 삼겹살, 닭고기, 각종 소시지를 구워 먹거나 샤부샤부를 해서 먹으면 되고, 벽 쪽에는 각종 채소와 버섯, 소스가 준비되어 있다. 조개나 해산물을 구워 먹고 싶으면 그릴을 따라 추가해야 한다. 오픈된 공간이라 에어컨이 없지만, 선풍기가 있어서 그렇게 덥지는 않다. 태국식 바비큐를 합리적인 가격에 마음껏 먹고 싶은 사람에게 추천한다.

주소_ 162/51-52 Tambon Patong, Amphoe Kathu, Chang Wat Phuket
영업시간_ 17시~06시
요금_ 뷔페 275B, 그릴 추가 100B, 얼음 추가 30B
전화_ +66-87-275-6749

라 그리따
La Gritta

빠통에서 까론으로 가는 언덕 바닷가에 있는 고급 이탈리아 레스토랑이다. 이탈리아 여성 주방장의 진두지휘 아래 피자, 파스타, 각종 해산물 요리를 다양하게 즐길 수 있다.

이 레스토랑의 장점은 누가 뭐라고 해도 해 질 무렵 석양과 주위 풍경이다. 빠통 시내의 번잡함을 피해서 여유롭게 식사를 즐기기에 좋은 곳이다. 어느 테이블에서나 바다를 조망할 수 있는 야외석이 있어서 운치 있게 식사를 할 수 있다.

친절한 직원들의 서비스도 이 레스토랑의 평가를 높여준다. 전통 이탈리아 요리를 구현해서 그런지는 몰라도 한국인 입맛에 좀 짜다는 평이 많으니 주문 전에 싱겁게 해달라고 하는 게 좋다.

숙소 위치에 따라 픽업 서비스도 제공하니 미리 연락을 해보고 가는 게 좋다. 직접 레스토랑에 가려면 아마리 푸켓 리조트를 찾아가면 된다. 노을 지는 바다에서 식사하면 마치 영화의 주인공이 된 듯한 기분을 느낄 수 있다.

홈페이지_ www.lagritta.com
주소_ 2 Muen-ngern Road Beach Kathu Tambon Patong
영업시간_ 10시~24시
요금_ 마르게리타 피자 370B, 화와이안 피자 420B, 파스타 430B, 스테이크 1580B
전화_ +66-76-340-112

두디 타이 푸드
Doo Dee Thai Food

빠통에서 저렴하게 야시장 가격으로 태국 음식을 다양하게 즐길 수 있어서 여행자들에게 인기가 많은 곳이다. 야외 테이블로 되어 있는 1호점과 에어컨이 나오는 2호점이 있어서 1호점에 대기가 많으면 2호점 가는 걸 추천한다.

2호점은 10m 정도 떨어져 있어 걸어가도 된다. 합리적인 가격에 다양한 음식을 먹을 수 있어서 특히 저녁 식사 시간에는 항상 줄을 서서 대기를 해야 한다. 최근 중국 방송에 소개가 되어 중국 관광객들이 단체로 방문한다고 하니 참고하기 바란다. 정실론에서 걸어서 10분 정도, 뚝뚝을 타고 3분 정도 가면 된다.

키즈 메뉴도 있어서 아이들을 데려가기에도 좋고, 전 메뉴는 포장도 가능하다.

주소_ 4055 Tambon Patong, Amphoe Kathu, Chang Wat Phuket

영업시간_ 18시~03시

요금_ 모닝 글로리 50B, 닭 날개 1개 20B, 매운 카레 80B, 바질 치킨 피자 150B, 팟타이 50B

전화_ +66-76-619-800

씨 브리즈
Sea Breeze

홀리데이 인 리조트 내에 있는 씨 브리즈 레스토랑은 매일 저녁 다양한 뷔페로 관광객들로 북적이는 곳이다. 실내는 파스텔 톤으로 꾸며져 있어 편안한 분위기에서 식사할 수 있다.

월요일 & 목요일에는 싱싱한 해산물과 고기 바비큐 뷔페, 화요일&토요일은 안다만 해에서 잡은 싱싱한 해산물 뷔페, 금요일은 타이 뷔페를 한다. 싱싱한 굴, 연어회, 각종 롤, 과일, 디저트 등 다양한 음식이 준비되어 있다.

12세 미만 어린이는 부모와 같이 오면 2명까지 무료로 뷔페를 이용할 수 있어서 가족 여행객들에게 특히 인기가 많은 곳이라 예약을 하고 가는 게 좋다.

홈페이지_ phuket.holidayinnresorts.com
주소_ 52 Thawewong Rd, Tambon Patong,
Amphoe Kathu, Chang Wat Phuket
영업시간_ 6시 30분~22시
요금_ 월&목 750B, 화&토 1100B, 금요일 470B
전화_ +66-76-370-200

더 웍
The Wok

정실론 맞은편에 있는 타이 요리 및 서양 요리를 전문으로 하는 레스토랑이다. 200가지가 넘는 메뉴가 있어서 원하는 요리를 취향에 맞게 선택하여 먹을 수 있다. 깔끔한 내부 인테리어와 친절한 서비스로 잘 알려져 있다.

방송 〈푸드 트립〉에서 박명수가 나와서 한국인 관광객들이 즐겨 찾는 곳이다. 메뉴에 사진도 있어서 주문하기는 그리 어렵지 않다. 새우 팟타이, 파인애플 볶음밥, 똠얌꿍이 한국 관광객들이 자주 먹는 메뉴이다.

대기 없이, 조용하고 깨끗한 곳에서 여유롭게 식사를 즐기고 싶다면 No. 6보다 더 웍을 방문하는 게 좋다.

주소_ 188 Thanon Ratuthit Songroipi Rd,
　　　　Tambon Patong
영업시간_ 9시~03시
요금_ 똠얌꿍 200B, 돼지갈비 120B,
　　　　새우 팟타이 180B, 쌀국수 170B,
　　　　파인애플 볶음밥 220B
전화_ +66-76-341-260

곳에서, 식사하고 싶다면 추천한다. 피자
는 한국 사람들 입맛이 짤 수가 있으니
미리 얘기하는 게 좋다.

더 플레이스
The Place

빠통 비치로드 우체국 근처에 있는 칵테
일 및 화덕 피자 전문점이다. 1층에는 칵
테일과 각종 주류를 마실 수 있고, 2층은
레스토랑으로 사용하고 있다.
2층에 오르면 피자를 굽는 화덕이 보이
고, 바다가 방향의 테이블에서는 파도 소
리를 들으면 낭만적인 분위기에서 식사
할 수 있다. 합리적인 가격에 분위기 좋은

주소_ 94 Thawewong Rd, Tambon Patong,
　　　 Amphoe Kathu, Chang Wat Phuket
영업시간_11시~01시
요금_ 새우 팟타이 200B, 피자 240B, 스파게티 240B
전화_ +66-93-584-1213

솔레 미오 바 & 레스토랑
Sole Mio Bar&Restaurant

바다를 보면서 식사를 할 수 있는 소박한 인테리어로 장식된 바 겸 식당이다. 바통 비치에 있어서 물놀이를 하다가 허기질 때 젖은 옷을 입고 바로 식사를 할 수 있다는 장점이 있다.

메뉴는 팟타이에서부터 햄버거까지 간단하게 끼니를 때울 수 있는 요리와 랍스타, 생선구이 등 제대로 된 식사를 할 수 있는 다양한 요리가 준비되어 있다. 꼭 식사가 아니어도 바다를 바라보면서 맥주나 야자 음료를 마신다면 진정한 휴가를 온 듯한 느낌을 받을 수 있다.

훌륭한 바텐더도 있으니 해 질 녘 파도 소리를 들으면서 칵테일을 하기에 최고의 장소이다.

주소_ 186/15 Thawewong Rd, Tambon Patong, Amphoe Kathu, Chang Wat Phuket
영업시간_ 8시~11시
요금_ 치킨 샌드위치 160B, 햄버거 180B, 치킨 수프 120B

쓰리 스파이시스
3 Spices

비치로드를 걷다가 꼭 한번 쳐다보게 되는 깔끔한 외관의 호텔 부속 레스토랑으로 태국 전통음식을 맛볼 수 있는 곳이다. 오픈 주방에 적당한 크기의 실내와 정갈하고 깔끔하게 정돈된 테이블이 분위기를 내고 싶을 때 꼭 와보고 싶게 만든다.
이 식당의 타이거 세우는 랍스타만큼 크고 알찬 살에 부드러운 식감을 자랑하지만, 가격이 훨씬 저렴해서 랍스타보다 인기가 많고 저녁에는 라이브 공연을 보면서 식사를 할 수 있다. 고급스러운 분위기에서 합리적인 가격으로 식사를 할 수 있는 몇 안 되는 레스토랑이다.

홈페이지_ phukethotels.impiana.com.my
주소_ 41 Thawewong Rd, Tambon Patong, Amphoe Kathu, Chang Wat Phuket
영업시간_ 11시~23시
요금_ 팟타이 285B, 연어구이 덮밥 570B
전화_ +66-76-340-138

투 쉐프
Two chefs

태국에 여행 와서 태국에 빠져버린 두 명의 스웨덴 친구 빌 아그렌과 다니엘 샤미르가 2000년에 처음으로 오픈한 식당이다. 까론, 까타, 빠통에 3개의 지점을 가지고 있는 라이브 펍 & 레스토랑이다.

태국 음식에서부터 스테이크까지 다양한 요리를 분위기와 비교하면 저렴한 가격에 먹을 수 있어서 태국 현지인뿐만 아니라 여행자들에게도 인기가 많은 곳이다. 오픈 식당으로 지나가다 흘러나오는 라이브 음악 소리에 자연스레 발길이 가게 안으로 향한다.

물놀이를 하고 영양 보충으로 필요하다면 이 집의 스테이크 요리를 먹어보기 바란다. 스테이크와 같이 나오는 으깬 감자 요리도 인기가 많다. 일요일에는 영국의 전통적인 일요일 식사인 선데이 로스트를 한다.

호주산 소고기, 돼지고기, 닭고기 바비큐와 각종 채소와 버섯을 레드 와인과 함께 원하는 만큼 먹을 수 있다. 요일별로 다양한 행사를 하니 테이블에 있는 행사 메뉴판을 꼭 보기 바란다. 신청곡을 써서 직원에게 주면 라이브로 불러준다.

홈페이지_ twochefs.com
주소_ 41 Thawewong Rd, Tambon Patong, Amphoe Kathu, Chang Wat Phuket
영업시간_ 12시~24시
요금_ 똠얌꿍 175B, 참치 스테이크 595B, 타이거 새우구이 595B, 안심 스테이크 795B
전화_ +66-76-344-915

썽피농
Ssong Pee Nong

정실론에서 까론 방향으로 5분 정도 걸은 다음, 빠통 해변으로 가는 골목을 100m 정도 가면 마주치게 되는 해산물 전문 식당이다. 고급 식당은 아니지만, 빠통에서 이 정도면 괜찮구나 하는 생각을 들게 만드는 맛과 가격으로 한국 관광객들뿐만 아니라 중국 관광객들에게 인기를 한 몸에 받는 곳이다.

친절하게 간판에 한국어로 썽피농이라고 쓰여 있어서 찾아가는 데는 큰 어려움이 없다. 싱싱한 해산물을 직접 보면서 선택할 수 있고, 새우부터 랍스터까지 모든 요리가 어느 정도의 수준을 유지한다.

넘버 6에 견줄 만큼 썽피농은 관광객들에게 인기가 많은 식당이다. 근처에 2호점도 있으니 1호점에 손님이 많으면 찾아가 보기 바란다.

주소_ Tambon Patong, Amphoe Kathu,
　　　 Chang Wat Phuket
영업시간_ 10시~23시
요금_ 똠얌꿍 160B, 게살 볶음밥 120B,
　　　 파인애플 볶음밥 150B
전화_ +66-81-968-0887

연
Yean Korean BBQ

정실론 맞은편 길을 걷다가 커다란 태극기 간판이 보이는 곳이 한국식당 연이다. 태국 음식이 입맛에 안 맞거나 한국식 밥과 반찬이 그립다면 바로 달려가서 먹어보도록 하자.

평균 6~7가지씩 나오는 한국식 반찬이 메인 요리가 나오기 전부터 젓가락을 움직이게 만든다. 삼겹살부터 냉면까지 원하는 한국 요리가 다 준비되어 있어서, 가족 여행객들이나 물놀이에 지쳐 체력을 삼겹살로 보충하고자 하는 한국 관광객들에게 추천한다.

메인 거리에 있어서 찾아 기기도 쉽고, 한국 돈으로 계좌이체를 해도 된다고 하니, 여행 마지막 날 가지고 있는 태국 돈이 어중간하다면 방문해도 좋을 것이다.

주소_ 210/4 Soi Rat Uthit 200 Pi 1, Tambon Patong
영업시간_ 11시 30분~23시 30분
요금_ 생등심 650B, 불고기 500B, 김치볶음밥 260B, 삼겹살 320B
전화_ +66-85-784-0767

여긴 멋진 남성들을 볼 수 있다.

카멜레온과 사진 찍고 싶은 사람을 찾습니다.

해변에 왔으면 샌들은 필수다.

케밥은 여기가 최고다.

해변에는 손님이 많다.

카페

더 커피 클럽(The Coffee Club)

빠통에만 7개의 지점이 있어서 시내 어디를 가나 쉽게 볼 수 있는 유명한 커피숍이다. 커피뿐만 아니라 디저트 및 다양한 브런치 메뉴도 판매하고 있고, 키즈 메뉴도 따로 있어서 아이들을 데려가기에도 좋다.
깔끔한 분위기에 친절한 서비스로 관광객들의 안식처 같은 곳이다. 한국에 비하면 싸지만, 현지물가에 비하면 저렴한 편은 아니다. 야외 테이블도 있어서 간단한 안주와 맥주를 하는 사람들이 있다.

주소_ Kler Hotel Patong, 5/2 Thaveewong road,
　　　 Patong, Kratu, Phuket
시간_ 8시~21시
요금_ 에스프레소 95B, 망고 주스 165B, 새우 죽 185B,
　　　 치즈 케이크 120B, 클래식 팬케이크 220B
전화_ +66-63-190-7471

츄츄 델리 샵(Chou Chou Deli Shop)

5성급의 그랜드 머큐리 리조트 내에 있어서 깔끔하고 시원한 실내는 커피와 디저트를 먹기에 좋은 장소를 제공한다. 전통 프랑스 디저트를 맛볼 수 있어서 프랑스에 와 있는 듯한 착각을 들게 한다.

에스프레소 크림이 듬뿍 있는 피스타치오 맛의 에끌레어는 포장해서 간식으로 먹기에도 좋다. 일반 타이 밀크티와는 다른 색다른 맛을 볼 수 있는 타이 밀크티는 이 커피숍의 또 다른 자랑거리이다. 저녁 해피아워 행사 때 케이크를 할인해 주니 꼭 이용해 보기 바란다.

주소_ 1 Soi Rat-U-Thit 200 Pi 2 | At Grand Mercure Phuket Patong
시간_ 6시~21시 **요금**_ 에스프레소 90B, 타이 그린 티 100B, 망고 팬케이크 260B, 에끌레어 240B
전화_ +66-76-231-999

사메로 젤라토(Samero's Icecream Paradise)

이탈리아 전통 젤라토를 맛볼 수 있는 아이스크림 전문점이다. 이탈리아 출신인 주인인 울프강 사메로Wolfgang Samero가 젤라토로 유명한 볼로냐에 가서 제조 기술을 배운 후 2010년에 빠통 비치 점을 오픈하였다. 100% 천연 재료로만 만들어서 깔끔하고 맛이 있다.

일반적인 아이스크림보다 공기 함유량이 적어서 훨씬 밀도가 높으며 부드러운 맛이 특징이다. 건물 외벽에 아이스크림 그림이 그려져 있고 분홍색의 가게라 근처에 가면 바로 찾을 수 있다. 열대과일의 나라답게 다양한 과일을 이용한 젤라토가 있다.

새콤한 패션프루트와 레몬 젤라토가 더운 푸켓에 상큼하니 잘 어울린다. 어린이들을 위한 다양한 캐릭터 모양의 아이스크림을 만들어주니 아이들이 특히 좋아한다. 빠통 비치에도 간이 아이스크림 가게를 운영하고 있다.

홈페이지_ sameros.com

주소_ Sainamyen Rd, Tambon Patong, Amphoe Kathu, Chang Wat Phuket

시간_ 10시~22시 **요금**_ 1 스쿱 75B, 3 스쿱 150B, 벨기에 와플 79B, 카페라테 99B, 스누피 89B 240B

전화_ +66-76-342-505

마사지

렛츠 릴렉스(Let's Relax Spa)

태국 치앙마이 나이트 바자르에서 1998년 작은 마사지 가게로 시작해서 태국 전역뿐만 아니라 중국, 미얀마, 캄보디아에 수십 개의 지점을 보유하고 있다. 태국의 전통 마사지를 전 세계에 알리는 가교 구실을 하고 있다. 흰색의 모던한 실외와 원목 풍으로 깔끔하게 잘 관리된 로비는 입구에 들어서자마자 기분을 좋게 해준다.

웰컴 티와 시원한 수건을 주고, 잠시 후면 담당 마사지사가 와서 옷을 갈아입으라고 한다. 타이 마사지, 발 마사지, 오일 마사지, 아로마 마사지 등 다양한 마사지를 숙련된 마사지사에게 받을 수 있다. 빠통에만 7개의 지점이 있으니 숙소에서 가까운 곳으로 예약해서 가면 되고 여행사나 사이트를 통해 예약하면 저렴하게 이용할 수 있다.

홈페이지_ letsrelaxspa.com
주소_ Tambon Patong, Amphoe Kathu, Chang Wat Phuket
시간_ 10시~22시 **요금_** 발 마사지 450B/45분, 오일 마사지 1600B/60분, 타이 마사지 1000B/120분
전화_ +66-76-366-800

로얄파라다이스 스파(The Royal Paradise SPA)

로얄 파라다이스 호텔 부속 건물에 있는 마시지 가게이다. 정실론에서 걸어서 5분 거리에 있지만, 호텔 입구가 신관 건물에 있어서 처음 가면 길을 헤맬 수가 있다. 시원하고 깔끔한 로비에 기다리고 있으면 마사지에 관한 간단한 설문을 작성하게 한다.

마사지 강도, 집중적으로 받고 싶은 곳, 임신 여부 등을 작성하면, 20분 정도 샤워와 건식 습식 사우나를 이용할 수 있는 시간이 주어진다. 한 곳에서 오랫동안 영업을 한 스파숍답 게 마사지사들의 실력은 수준급이다. 숙소가 빠통이면 무료 픽업 & 샌딩 서비스를 하고 있 어서 더운 한낮에 땀을 흘리면서 걸어오지 않아도 된다.

다양한 마사지와 와인이 포함된 패키지 프로그램도 있으니 특별하고 로맨틱한 시간을 보 내고 싶다면 예약을 해두자. 사전 예약을 하면 할인된 가격으로 받을 수 있다.

홈페이지_ royalparadise.com
주소_ 123/15~16 Rat-U-Thit 200 Pi Road, Kathu 83150 Tambon Patong
시간_ 10시~22시 **요금_** 오일+타이 마사지 1200B/120분, 타이 마사지 1100B/60분, 발 마사지 1100B/60분
전화_ +66-76-340-666

오리엔 타라 스파(Orientara Spa)

빠통에만 5개의 지점을 가지고 있는 가격대비 합리적인 마사지를 제공하는 가게이다. 정실론에서 도보로 10분 정도 거리에 있어서 빠통 시내를 구경하면서 천천히 걸어가도 좋다. 마사지 1시간 가격이 2시간과 별 차이가 없어서, 주로 타이, 아로마 마사지 패키지 2시간 코스로 많이 받는다.

마사지사들도 개인차가 있으나 전반적으로 보통이상은 하고, 시설은 고급 마사지 가게에 비하면 좋은 편은 아니나 실속이 있다. 오후에는 단체 관광객들이 몰려와서 대기해야 할 때도 있으니, 시간이 된다면 2시에서 3시 사이에 방문하여 여유롭게 서비스를 받자.

홈페이지_ orientalaspa.com
주소_ 49/145 Raj-U-Thid Tambon Patong
시간_ 10시~22시
요금_ 오일+타이 마사지 1100B/120분, 타이 마사지 500B/60분, 발 마사지 500B/60분
전화_ +66-76-290-387

핌나라 스파(Pimnara Spa)

깔끔한 외관과 정실론 맥도날드 2층에 있어서 쇼핑 후에 방문해서 시원한 마사지를 받기에 좋은 곳이다. 입구에 들어서면 마치 병원에 온 듯한 착각을 느낄 정도로 흰색의 인테리어와 각종 장비로 가득 차 있다. 일반적인 마사지뿐만 아니라 페이셜 케어, 네일 케어등 미용으로 더 특화되어 있다.

얼굴 마사지는 피부 진정 효과와 피지 제거에 효과가 많다고 해서 인기가 많은 코스 중의하나이다. 합리적인 가격에 효과를 바로 확인할 수 있어서 관광객들이 주로 받는다. 그래서 그런지 여성분들뿐만 아니라 페이셜 케어를 받는 남성들도 많이 볼 수 있다. 빠통에만 3개의 지점이 있다.

주소_ Jungceylon, 195 Thanon Ratuthit Songroipi Rd, Tambon Patong
시간_ 11시~23시
요금_ 타이 마사지 500B/60분, 골드 트리트먼트 2499B/90분, 레이디 트리트먼트 899B/60분
전화_ +66-76-604-425

몬트라 마사지(Montra Massage)

정실론에 있는 고급 마사지 가게에 비하면 저렴하다고 느낄 정도로 상당히 합리적인 가격으로 마사지를 받을 수 있는 가게이다. 정실론 내에만 3개의 지점이 있어서 어느 곳에 방문하나 똑같은 서비스를 받을 수 있다. 태국풍의 나무 인테리어로 꾸며진 로비는 들어서자마자 편안할 기분을 느끼게 한다.

개인 락커와 향기로운 차가 제공되며, 타이 마사지, 오일 마사지, 허브 마시지, 스톤 마사지 등 다양한 서비스를 받을 수 있다. 특이하게 여기는 선불로 계산을 먼저 한다. 마사지사가 맘에 들지 않으면 바로 교체해 주니 얘기하면 된다.

주소_ Jungceylon Shopping Centre Zone Thairapy, Floor B, Patong
시간_ 11시~22시
요금_ 타이 마사지 300B/60분, 얼굴 마사지 400B/60분, 발 마사지 300B/60분
전화_ +92-314-5432435

리모네 마사지(Limone Massage & spa)

한 번 오게 되면 빠통에 머무는 기간 매일 오게 되는 마사지 가게이다. 실력 있고 오래된 마사지사들과 저렴한 가격으로 관광객들의 관심을 한몸에 받는 곳이다. 레몬 슬라이스의 노란 간판이 근처에 가면 한눈에 뛰어 쉽게 찾아갈 수 있는 곳이다.

마사지사들도 개인차가 있으나 전반적으로 보통이상은 한다. 시설은 고급 마사지 가게에 비하면 좋은 편은 아니나 실속이 있다. 12시에서 3시 사이에 방문하면 여유로운 서비스를 받을 수 있다. 오후에는 단체 관광객들이 몰려와서 대기해야 할 때도 있다. 8번 마사지를 받으면 한번 무료 마사지를 받을 수 있는 쿠폰도 발급해준다.

주소_ 110/3 Thawewong Rd, Tambon Patong
시간_ 10시~23시
요금_ 타이 마사지 300B/60분, 얼굴 마사지 350/60분, 발 마사지 250B/60분
전화_ +66-88-386-5661

쇼핑

정실론(Jungceylon)

아름다운 자연과 국제 무역으로 부유했던 푸켓의 옛 이름이 정실론이다. 지금은 빠통에서 가장 크고, 현대적인 쇼핑센터의 대명사이다. 방라 로드와 더불어 빠통의 핵심 관광지이며, 세계적인 유명 브랜드와 고급 레스토랑, 백화점, 마사지 가게, 극장 등이 있는 종합 쇼핑센터이다. 관광객이 낮에는 빠통 비치 아니면 정실론에 있다는 말이 있을 정도로 사람들로 북적이는 곳이다. 시노 푸켓^{Sino Phuket}, 푸켓 스퀘어^{Phuket Square}, 더 포트^{The port}, 실랑 블러바드^{Siang Boulevard} 총 4개의 구역으로 나뉜다.

홈페이지_ jungceylon.com
주소_ 181, Rat-U-Thit 200 Pee Road, Patong
시간_ 11시~22시
전화_ +66-76-600-111

실랑 블러바드(Siang Boulevard)

열대 지역 분위기와 바닷속을 연상시키는 각종 물고기 벌룬으로 꾸며져 있어서 사진을 찍기에 좋다. 라우팃 로드에서 정실론으로 들어오는 입구에 자리 잡고 있다. 버거킹, 하겐다즈 등 세계적인 프랜차이즈가 입점해 있고, 스포츠 단지Supersports & Sport World에는 태국 및 세계적인 브랜드의 가게들이 있다. "Sense of Wellness" 있어서 뷰티, 마사지, 스파숍 등 다양한 미용 가게들이 있다.

지하 1층	기념품 가게(That's Siam), 마사지 가게, 은행, 푸드 코트
1층	버거킹, 하겐다즈, 스타벅스, KFC, 후지(Fuji), MK Gold, 리바이스 Monkey see, Boots, Rip Curl, Sport world(2층 매장과 연결되어 있음)
2층	Sport world(1층 매장과 연결되어 있음), 수영복, 안경원, 미용실, 골프용품 판매장

홈페이지_ jungceylon.com
주소_ 181, Rat-U-Thit 200 Pee Road, Patong
시간_ 11시~22시
전화_ +66-76-600-111

더 포트(The port)

실랑 블러바드를 구경하고 나오면 넓은 광장과 야외 공간에 분수와 무역항으로 번성했을 푸켓의 영광을 기념하기 위해 만들어놓은 배가 있는 곳이다.
광장에서는 낮에는 다양한 간식거리를 팔고, 저녁이면 라이브 공연과 19시, 21시에 20분 동안 레이저 쇼와 분수 쇼가 펼쳐져서 먹고, 즐기기에 좋은 곳이다.

1층	맥도날드, 써브웨이, 후지 레스토랑
2층	핌나라 스파(Pimnara Spa)
3층	루프탑 바

홈페이지_ jungceylon.com
주소_ 181, Rat-U-Thit 200 Pee Road, Patong
시간_ 11시~22시
전화_ +66-76-600-111

시노 푸켓(Sino Phuket)

더 포트 광장에서 반잔시장 방향으로 가는 곳에 있다. 푸켓 타운을 연상시키는 포르투갈 양식의 스타일의 외관이 독특한 분위기를 선사한다. 100m 정도 거리에 한식, 일식, 서양식 등 다양한 세계 요리 레스토랑이 있어서 항상 사람들로 북적이는 곳이다.

1층	와인 커넥션, 아이리쉬 타임, 마루 한식당, 야오이(일식당) 맥도날드, 버거킹, 피자헛, 하겐다즈, 스파이스 하우스, 스타벅스
2층	핌나라 부티크 호텔

홈페이지_ sinohousephuket.com
주소_ 1 Montri Rd, Talat Yai, Mueang Phuket District, Phuket 83000
전화_ +66-76-232-494

푸켓 스퀘어(Phuket Square)

더 포트 광장에서 분수대 다리를 건너면 나오는 푸켓 스퀘어는 빅씨 마트, 로빈스 백화점, 영화관, 키즈 카페 등 다양한 상점과 엔터테인먼트가 있어서 정실론에서 가장 인기가 많은 곳 중의 하나이다. 그중 빅 씨 마트는 선물을 사려는 관광객들로 종일 붐비는 곳이다.

1층	의류 판매장, 로빈스 백화점, 빅 씨 마트, 스타벅스, Jeffer, 던킨 도너츠
2층	로빈스 백화점, 영화관, 키즈 카페, 전자기기 전문점(Banana IT)

홈페이지_ jungceylon.com
주소_ 181, Rat-U-Thit 200 Pee Road, Patong
시간_ 11시~22시
전화_ +66-76-600-111

센트랄 빠통(Central Patong)

태국의 유명 백화점인 센트랄에서 2019년 2월 15일에 빠통 정실론 맞은편에 오픈한 백화점이다. 최근에 오픈해서 실외 실내 모두 깔끔하고 고급스러운 인테리어로 쇼핑에만 집중할 수 있다. 지하에 있는 푸드 코트는 즉석에서 해산물 요리를 맛볼 수 있고, 슈퍼마켓에서는 한가하게 귀국 선물을 준비할 수 있다.

정실론은 먹고, 마시고, 쇼핑하고, 즐기는 복합 엔터테인먼트 공간이라 보면 센트랄 빠통은 오직 쇼핑으로만 승부를 거는 전통 백화점의 스타일이다. 쏭크란 축제 때 백화점 입구는 그야말로 광란의 도가니로 변한다. 셔틀이 센트랄 빠통Central Patong 센트랄 푸켓 플로레스타Central Phuket Floresta를 운행한다.

지하	푸드 코트Central Food Hall, 슈퍼마켓, 약국, 기념품 가게
1층	샤넬, 디오르, 에스티로더, 겐조, 화장품, 액세서리
2층	비치 웨어, 여성 의류, 장난감
3층	Samsonite, American Tourister, 리바이스, 나이키

홈페이지_ central.co.th
주소_ 198/9 Soi Rat U-Thit Road, Patong Beach
시간_ 10시 30분~23시
전화_ +66-76-600-499

오톱 시장(Otop Market)

라우팃 로드를 거다 보면 한쪽에 오톱 시장이라는 큰 간판을 볼 수 있으나, 입구가 작아 작을 것으로 생각하지만, 안으로 들어가 보면 생각보다 넓은 공간에 각종 의류, 기념품, 먹거리 야시장이 있어 관광객들로 항상 활기찬 곳이다. 재래시장 분위기라 가격은 일단 깎고 봐야 한다. 처음 말해주는 가격은 생각보다 싸지 않다.

태국 어디서나 볼 수 있는 아이템들이다 보니 굳이 쉽게 살 필요는 없다. 먹거리 야시장은 빠통 중심가에 비하면 싸게 먹을 수 있다. 나중에 조리값을 따로 요구하는 불상사를 피하려면 꼭 해산물 가격뿐만 아니라 조리 가격도 협상하고 먹어야 한다.
계산서도 주문한 메뉴 하나하나 꼭 확인하자. 종종 계산서 가지고 장난치는 가게도 있다고 한다. 쇼핑 구역을 지나서 왼쪽으로 꺾으면 푸켓 스타일의 바가 있다. 방라 로드가 너무 시끄럽다면 오픈된 공간에서 한잔하기에 좋다.

주소_ OTOP Shopping Paradises 237/15-20 Patong
시간_ 17시~24시

바나나 워크(Banana Walk)

방라 로드에서 남쪽으로 100m 정도 있는 쇼핑센터이다. 빠통에서 유명한 바나나 클럽에서 운영하고 있다. 예전에는 다양한 가게와 레스토랑이 입점해서 활기차게 운영하였으나 현재는 정실론이나 센트랄 빠통에 밀려 몇몇 가게만 운영을 하고 있다. 비치에서 물놀이를 하다가 잠깐 더위를 식히러 가기에는 거리가 가까워서 좋다.

지하	더 커피 클럽, 스타벅스, 할리 데이비드슨, 핌나라 스파숍
1층	와인 커넥션, 로마
2층	핌나라 스파숍, 스노클 & 풀
3층	미니 골프, 바

홈페이지_ bananawalkpatong.com
주소_ 124/11 Thawewong Rd, Tambon Patong
시간_ 11시~23시
전화_ +66-76-341-489

빠통 나이트 라이프

일루젼 디스코텍(Illuzion Discotheque)

빠통 비치를 방문하는 모든 여행객의 버킷리스트에 1위에 오른 클럽이다. 2014년에 오픈 이후로 꾸준히 여행객들에게 사랑을 받는 곳이고 클럽은 최대 4,500명이 즐길 수 있을 만큼 크기가 어마어마하다. 2개의 층에는 DJ에 따라 다른 음악을 틀어주고, 종종 세계 유명 DJ들을 초청해서 파티를 열기도 한다. 댄스 타임 중간에 이탈리아와 러시아 출신 무용수들의 화려한 묘기에 가까운 쇼도 볼 수 있어서 외국 여행자뿐만 아니라 한국 관광객도 쉽게 마주칠 수 있다. 입구에 사람 많다고 동영상 보여주는 호객꾼이 있는데 직접 사람 많은지 확인하러 들어갈 수 있으니 평일에는 확인하고 들어가는 게 좋다. 입장료 800B에 새벽 1시까지 무제한 칵테일이 제공된다.

홈페이지_ illuzionphuket.com
주소_ 31 Thanon Bangla, Tambon Patong
시간_ 21시~01시
요금_ 칵테일 280B, 맥주 200B, 무제한 칵테일 800B
전화_ +66-93-583-4766

타이거 나이트 클럽(Tiger Nightclub)

일루전 맞은편에 있는 호랑이 모형으로 3층 건물을 꾸며놓은 나이트클럽 & 바이다. 실내에도 각종 호랑이 조형물이 가득 차 있다. 1층에는 60개의 맥주 바가 있고, 2층에는 일반 손님이 춤을 출 수 있는 스테이지가 있는 클럽이 있다. 태국인 여성과 얘기하는 외국인 관광객들을 쉽게 볼 수 있고, 1층에는 포켓볼을 칠 수 있는 테이블 4개가 있다. 가장 사람들이 많이 몰리는 시간은 12시 이후이다. 입장료는 200B가 있다.

홈페이지_ tigernightclub.com
주소_ 49 Thanon Bangla, Tambon Patong
시간_ 20시~04시
요금_ 칵테일 250B, 맥주 200B
전화_ +66-85-678-5779

파라다이스 비치 클럽(Paradise Beach)

빠통에서 까론으로 넘어가는 쪽에 있는 파라다이스 비치에서 한 달에 두 번 진행되는 파티인 하프 문, 풀문 파티를 진행하는 곳이다. 디제이의 음악에 맞춰서 칵테일을 마시면서 모래사장에서 즐겁게 춤을 출 수 있는 곳이고, 화려한 불 쇼는 이 파티의 하이라이트다.
그 중 불타는 림보게임은 다 함께 참여할 수 있어서 인기가 많다. 아침 9시부터 새벽 4시까지 빠통으로 무료로 셔틀이 운행한다. 입장료가 비싼 편이지만, 태국의 유명한 풀문 파티를 즐길 수 있으니, 방문 기간에 겹치면 꼭 한번 가보기 바란다.

홈페이지_ paradisebeachphuket.com
주소_ Muen-Ngern Road, Tambon Patong
시간_ 20시~04시
요금_ 해변 입장료 200B, 파티 입장료 1000B(입장료 포함)
전화_ +66-83-743-9009

뉴욕 라이브 뮤직 바(New York Live Music Bar)

방라 로드에서 실력 있는 뮤지션의 라이브 음악을 들을 수 있는 곳이다. 지나가다 음악이
좋아서 들리는 여행자가 꽤 많을 정도로, 가창력 있는 다양한 밴드가 출연하는 유명한 라
이브 바이다. 그중 필리핀 밴드의 무대는 가창력과 화려한 무대 매너로 관광객들의 환호성
을 자아내기에 충분하다.

세계 각국의 노래를 순서대로 해주는데, 자기 나라의 노래가 나올 때마다 환호성이 대단하
다. 우리나라는 강남 스타일을 불러준다. 항상 사람으로 꽉 차므로, 좋은 자리에 앉아서 듣
고 싶다면 일찍 가는 게 좋다. 종종 팁을 달라고 하나 굳이 주지 않아도 된다. 별로 서비스
라고 할 만한 걸 하지 않는다.

주소_ 68 Thanon Bangla, Pa Tong, Kathu District, Phuket
시간_ 18시 30분~01시
요금_ 맥주 250B, 칵테일 200B~
전화_ +66-89-217-7799

물랑 로즈(Moulin Rouge Phuket)

방라 로드에서 빠통 비치로 가는 길 끝쪽에 있는 물랑 로즈는 여장 남자(까토이)가 방라 로드 입구에서부터 화려한 의상을 입고 전단을 나눠주고, 사진을 찍는 호객행위를 하여서 쉽게 찾아갈 수 있다.

금발의 러시아 미녀가 무대 위에서 두 개의 폴을 가지고 다양한 춤을 추는 곳으로 방라 로드에서는 인기가 많은 곳이다. 사이먼 쇼보다는 규모가 작지만 보다 가까운 거리에서 공연을 볼 수 있는 장점이 있다. 무료입장이 가능하나, 사진은 요금을 지급해야 하니 함부로 찍지는 말자.

홈페이지_ moulinrougephuket.com
주소_ 5 T. A Thanon Bangla, Kathu, Kathu District, Phuket
시간_ 21시~04시
요금_ 맥주 250B
전화_ +66-95-076-2276

잭 바(ZAG Bar)

로열 파라다이스 호텔로 가는 입구에 자리 잡은 게이 클럽이다. 입구에서부터 멋진 상체를
자랑하는 남성들과 화려한 드레스를 입은 게이들이 남자 손님들을 유혹한다.
푸켓에서 가장 극적이고 재미있는 쇼로 인기가 많다. 쇼는 선정적인 부분도 있지만, 심한
선을 넘지는 않는다. 넓은 외부 테이블과 라운지 바, VIP룸이 있다. 바는 EDM과 하우스 곡
으로 분위기를 띄우며, 잘생긴 남성들의 공연으로 첫 공연이 시작된다.

주소_ 123/6 Thanon Ratuthit Songroipi Rd, Tambon Patong
시간_ 20시~02시
요금_ 맥주 250B

아마리 코럴
Amari Phuket

빠통의 남쪽 해변에 있는 아마리 코럴 호텔은 뛰어난 전망과 조용하고, 한적한 분위기로 진정한 힐링을 원하는 여행객들에게 인기가 많은 곳이다. 객실은 모던한 분위기에 바다 전망을 하고 있다.
리조트의 규모가 상상 이상으로 커서, 리조트 내를 돌아다니려면 버기카를 호출해야 한다. 버기카는 부르면 3분 이내에 도착하니 일정이 급한 경우가 아니면 천천히 불러도 된다. 바다가 보이는 2개의 큰 수영장을 가지고 있어서 아이들뿐만 아니라 여행객들에게 인기가 많다. 전용 해변의 썬배드에 누워서 진정한 휴가 기분을 만끽할 수 있다. 호텔 내 제트 포인트까지 아기 기자 기한 오솔길은 산책하기에 더할 나위 없이 좋고, 스노클링도 즐길 수 있다. 무료로 키즈 클럽도 운영하고 있어서 어린이 동반 가족 여행객들에게 인기가 많다.

홈페이지_ amari.com
주소_ 2 Meun-Ngern Road Tambon Patong
요금_ 수페리어 4165B, 디럭스 5270B, 스위트 6078B
전화_ +66-76-340-106

푸켓 메리어트 리조트 & 스파
Phuket Marriott Resort & Spa

글로벌 호텔 체인 메리어트 푸켓 리조트
답게 웅장한 규모와 리조트 전용 해변을
갖추고 있어서 신혼여행이나 조용하게
휴가를 보내고 싶은 관광객이 많이 찾는
곳이다. 414개의 다양한 객실을 보유하고
있고, 3개의 야외 수영장과 2개의 스파숍
욕조가 있어서 물놀이를 좋아하는 사람
에겐 천국 같은 곳이다.
리조트 바로 앞에 있는 트라이 짱 해변^{Tri-}
^{Trang Beach}은 호텔 손님들만 이용 가능하여

서 번잡하지 않고 조용해서 좋다. 오후 3
시까지는 물이 깊지 않아서 아이들과 같
이 수영도 하고 스노클링도 즐길 수가 있
다. 빠통 중심 쇼핑센터인 정실론까지는
셔틀을 제공한다. 요가, 줌바 댄스 등 요
일별로 진행하는 호텔의 다양한 프로그
램도 진행하고 있으니 관심 있으면 신청
하면 좋다.

홈페이지_ marriott.com
주소_ 99 Muen-Ngoen Road Tri-Trang Beach,
Patong Patong Phuket
요금_ 수페리 4168B, 디럭스 4556B,
프리미어 킹룸 5040B
전화_ +66-76-335-300

그랜드 머큐리 푸켓 빠통
Grand Mercure Phuket Patong

빠통 번화가인 방라 로드, 정실론, 빠통 비치를 걸어 다닐 수 있는 최적의 위치에 있는 호텔이다. 번화가와 떨어져 있어서 조용하고, 교통비 비싼 푸켓에서 인기 장소를 편하게 이동할 수 있다. 호텔은 오픈한지 좀 되어서 오래된 흔적이 보이지만, 깔끔하게 잘 관리하여서 이용하는 데는 불편함이 전혀 없다.

1층에 있는 풀 엑세스룸은 숙소에서 쉬러 왔다면 최고의 선택이 될 것이다. 조식은 태국 음식과 서양식이 있어서 취향에 맞게 먹을 수가 있다. 새벽에 도착한다면 호텔의 공항 셔틀을 예약하는 게 좋다. 호텔 내에는 빠통에서 유명한 추추 델리 숍 Chou Chou Deli Shop도 운영하고 있다.

홈페이지_ grandmercurephuketpatong.com
주소_ 99 Muen-Ngoen Road Tri-Trang Beach, Patong Patong Phuket
요금_ 수페리어 3229B, 디럭스 6196B, 풀 빌라 12725B
전화_ +66-76-231-999

홀리데이 인 리조트
Holiday Inn Resort

무엇보다 좋은 점은 빠통 비치를 걸어서 1분 안에 갈 수 있는 게 아닌가 한다. 세계적인 호텔 체인답게 빠통에서 이렇게 해변에 접근성이 좋고 잘 관리된 리조트는 찾기 쉽지 않을 것이다. 모던하게 잘 관리된 룸과 아이들과 같이 오는 가족 여행객들을 위한 패밀리 룸은 이 리조트의 또다른 장점이다.

룸에는 빨래 건조대가 비치되어 있어서 물놀이를 하고 젖은 옷을 말리기에 좋다. 숙소의 세심함이 다시 한번 느껴진다. 메인 윙 쪽 출입구에서 길 건너면 바로 해변이라 언제든지 바다에 가서 물놀이를 하고 올 수 있다. 태국 요리와 해산물 요리를 하는 참 타이 레스토랑 Charm Thai Restaurant, 세계 각국의 다양한 요리를 하는 씨 브리즈 카페 Sea Breeze Cafe, 이탈리아 요리를 전문으로 하는 테라조 레스토랑 Terrazzo Ristorante & Bar, 스테이크 요리로 인기가 많은 샘 스테이크 Sam Steak House가 있다.

홈페이지_ ihg.com
주소_ 52 Thawewong Rd, Tambon Patong
요금_ 수페리어 3751B, 슈튜디오 트윈 4606B, 킹 스튜디오 5347B
전화_ +66-76-370-200

노보텔 푸켓 빈티지
파크 리조트
Novotel Phuket Vintage
Park Resort

빠통 메인 중심가에서는 조금 떨어져 있지만, 그래서 더 조용하고 한적하게 머무를 수 있는 곳이다. 세계적인 호텔 체인 노보텔의 빠통 지점이다. 이름에 걸맞게 모든 시설이 잘 정돈되었다. 가장 눈에 띄는 것은 빠통에서도 관광객들에게 유명한 깨끗한 넓은 수영장이다.

키즈 클럽, 키즈 프로그램 등 아이들을 위한 세심한 배려가 돋보인다. 그래서 그런지 가족 여행객들로 항상 북적이는 곳이다. 태국 요리에서부터 서양식 요리, 과일까지 다양하게 나오는 조식은 노보텔의 자랑거리이다.

식당 주변에 한국식당, 빠통 맛집, 편의점도 있어서 멀리까지 이동할 필요가 없다. 16세 미만은 보호자 동반 시 2명까지 무료로 숙박할 수 있으니 꼭 확인하기 바란다.

홈페이지_ accorhotels.com
주소_ 89 Rat U Thit, 200 Pee Rd, Tambon Patong
요금_ 수페리어 2623B, 디럭스 트윈 3573B,
　　　 패밀리룸 5591B
전화_ +66-76-380-555

PHUKET

부라사리 파통 리조트
Burasari Phuket

파통 비치 근처의 4성급 리조트로 183개의 다양한 객실을 보유하고 있다. 태국 전통 스타일로 꾸민 외관은 숙소에 들어서자마자 태국 분위기가 물씬 풍긴다. 젊은 여행자들에게 특히 인기가 많은 풀 엑세스룸은 이 리조트의 또 다른 자랑거리이다. 뜨거운 해변에 가는 것보다는 훨씬 편안하고 쉽게 물놀이를 즐길 수 있다.

칸톡 레스토랑Kantok Restaurant에서는 정통 태국 요리와 조식 뷔페를 제공한다. 해변에 갈 때 사용할 수 있도록 매트와 비치타월도 미리 준비해주는 섬세함과 항상 불편한 점은 없는지 챙기는 호텔의 서비스는 머무르는 내내 배려심을 느낄 수 있어 좋다. 단점이라면 도로 쪽 룸은 밤에 시끄러울 수 있으니 미리 얘기해서 바꿔달라고 하는 게 좋다.

홈페이지_ phuket.burasari.com
주소_ 18/110 Ruamjai Road Tambon Patong
요금_ 프리미어 더블룸 3020 더블룸 4000B, 허니문 더블룸 6350B
전화_ +66-76-292-929

215

시라 그란데 호텔 & 스파
Sira Grande Hotel & Spa

반잔 시장 뒤편에 있는 합리적인 가격으로 머물기에 좋은 곳이다. 객실은 깔끔하고 해변이 연상되는 흰색과 파란색의 실내장식은 시원한 느낌이 들어 좋다. 트윈룸, 트리플룸, 산 전망의 패밀룸이 있어서, 인원에 맞게 다양한 선택을 할 수 있다.
루프탑 수영장이 있어서 저녁에 해지는 노을을 보면서 수영할 수 있다. 정실론과 빅씨 마트가 도보로 3분 이내에 있어서 쇼핑하기에 더할 나위 없이 좋으나 빠통 비치까지 걸어서 15분 정도 걸린다는 게 아쉬운 점이다. 체크인 때 보증금 3000B을 내야 하는데, 여권을 맡겨도 문제는 없다.

홈페이지_ siragrandehotel.com
주소_ 184 44-47 prametta Rd Tambon Patong
요금_ 릴렉스 더블룸 588B 트리플룸 948B, 패밀리 룸 1390B
전화_ +66-76-540-991

로열 파라다이스
The Royal Paradise Hotel

빠통에서 제일 높은 건물이 바로 로열 파라다이스 호텔이다. 총 25층에 350개의 객실을 보유하고 있다. 파라다이스 윙이 구관이고 로열 윙이 최근에 신축한 건물이다. 고층에 머무른다면 바통 비치가 보이는 전망 좋은 곳이다. 위치가 빠통 중심가의 중심에 있어서 정실론이나 방라 로드까지 걸어서 5분밖에 안 걸린다. 오래된 건물을 리모델링 해서 다양한 스타일의 객실을 보유하고 있다.

청량한 느낌의 흰색과 파란색의 객실과 태국 전통 분위기를 느낄 수 있는 객실이 있다. 오래됐지만 잘 관리가 되어 있어서 머무는 데 불편함은 없다. 수영장이 호텔 크기에 비해 작아서 선베드를 맡기기 쉽지 않다. 빠통 비치까지 셔틀도 운행한다. 호텔 내 스파숍도 한국인에게 인기가 많아 일부러 찾아오는 곳 중의 한 곳이다.

홈페이지_ royalparadise.com
주소_ 123/15-16 Rat-U-Thit 200 Pi Road,
Kathu 83150 Tambon Patong
요금_ 디럭스 발코니, 1387B 수페리어 1550B,
스위트룸 4860B
전화_ +66-76-340-666

알렌 게스트 하우스 빠통
Alen Guesthouse Patong

빠통 시내 중심가에서 좀 떨어진 곳에 있어서 여기가 빠통인가 하는 의문이 들 정도로 조용하다. 물가 비싼 빠통에서 저렴한 가격에 숙박할 수 있는 곳이다. 게스트 하우스지만 개인 룸과 두 명이 머물러도 충분한 킹사이즈 침대를 제공하고 있다. 조그마한 풀장과 테라스 바에서는 외국인 여행자와 쉽게 친해질 수도 있다. 친절할 알렌에게 물어보면 관광뿐만 아니라 불편사항을 바로바로 해결해 준다. 오토바이 렌트도 해주니 국제 운전 면허증을 가진 여행자는 이용해보자. 엘리베이터가 없어서 무거운 짐을 가지고 숙소로 올라가는 건 힘들다.

홈페이지_ business.site
주소_ 141 Nanai Rd, Tambon Patong
요금_ 디럭스 킹룸 720B
전화_ +66-89-875-8782

MVC 빠똥 하우스
MVC Patong House

빠통 푸켓 병원 근처에 있는 저렴한 숙소
이다. 사메로 젤라또 근처에 있어서 찾는
데는 어려움이 없다. 1층엔 오픈된 식당
이 있고, 2층부터가 객실이다. 엘리베이
터가 있어서 짐을 가지고 올라가는 데 문
제가 없고, 객실은 깔끔하게 잘 관리 되어
있다. 다만 사거리에 있어서 창가 쪽 방은
밤에 조금 시끄럽다.

1층에는 여행사도 있어서 숙소에 투숙한
다고 하면 투어 예약도 편하고 저렴하게
할 수 있다. 바통 비치는 직선 방향으로 5
분, 정실론은 7분 정도 걸린다. 주위에 저
렴한 식당, 편의점, 마사지 가게도 있어서
지내는 데 불편함이 없다. 예약 시 창가는
피해달라고 하는 게 좋다.

BGW 푸켓 호스텔
BGW Phuket Hostel

친절한 직원과 최고의 위치로 배낭여행
자들에게 인기가 좋은 호스텔이다. 정실
론, 반잔 시장, 빠통 비치 모두 걸어서 3
분 이내에 갈 수 있다. 물가 비싼 빠통에
서 가뭄에 단비 같은 곳이다.

개인 락커와 침대마다 커튼, 콘센트, 독서
등이 있어서 사생활을 완벽하지 않지만,
어느 정도는 보호받을 수 있다. 외국 여행
자들과 여행 정보도 나누고, 외국인 친구
를 만들고 싶다면 방문해 보자. 수건도 무
료로 제공되니 꼭 요청하고, 로비에서는
각종 투어와 관광 정보도 자세하게 가르
쳐 준다.

홈페이지_ mvcpatonghouse.com
주소_ 94/10 Sai Namyen Road, Patong
요금_ 스탠다드 더블 359B, 수페리어 더블 399B
전화_ +66-76-343-449

홈페이지_ bgwphuket.com
주소_ 189/6 Rat-U-Thit 200 Pee Road, Pa Tong,
Kathu District, Phuket
요금_ 도미토리 221B, 스탠다드 555B, 수페리어 678B
전화_ +66-91-826-1817

아이들을 위한 빠통

빠통은 어른들을 위한 모든 것이 갖춰져 있다고 해도 과언이 아니다. 하지만 가족여행을 온 어린이들은 어른들의 계획에 맞춰 이리저리 다닐 수밖에 없다. 여행은 갔는데 비가 오거나 날씨가 좋지 않으면 어린이들은 숙소에서만 머물게 하는 게 쉽지가 않다.

이런 부모들의 마음은 만국 공통인가 보다. 어찌 알았는지 빠통에는 어린이들을 위한 다양한 놀이 시설이 있다. 숙소의 키즈카페는 규모가 작고, 친구들이 없어서 금방 싫증을 내는 경우가 많지만, 어린이들이 많은 키즈카페는 한 번 가면 숙소에 돌아가지 않으려고 해서 문제 아닌 문제가 된다. 아이들이 심심해할 때 한 번씩 데려와서, 신나게 놀게 해주는 것도 아이들뿐만 아니라 부모들한테도 좋은 일이 될 것이다.

키주나(kizoona)

우리나라 키즈카페와 비슷한 놀이 시설이 설치된 어린이들을 위한 놀이터이다. 생각보다 큰 규모에 보자마자 아이들의 입가에 웃음이 지어지는 것을 볼 수 있다. 다양한 피부색의 아이들이 언어는 안 통하지만 즐겁고 재미있게 노는 모습은 보고만 있어도 즐거워진다.

미끄럼틀 시설이 있는 볼 Ball 풀장과 에어바운스와 미끄럼틀도 있어서 안전하고 재미있게 놀 수 있다.

놀이 시설 한쪽에는 꽃 가게, 초밥 가게, 빵집, 과일 가게, 우체국, 햄버거 가게 등 정교한 모형들과 각각에 맞는 복장도 있는 직업 체험 공간도 있다. 아이들이 만들어 주는 햄버거와 초밥을 맛있게 먹어 보는 척 해보자.

풍선으로 모자 만들기, 양동이에 공 많이 넣기, 춤추고 노래하기 등 다양한 프로그램이 있어서 매일 방문해도 지루할 틈이 없다. 말도 안 통하지만, 다양한 국적의 아이들이 어울려 함께 놀고 있는 모습을 보면 뿌듯하기까지 하다. 입장 시 양말을 신어야 하니 한국에서 미리 챙겨오는 게 좋다.

주소_ 정실론 로빈슨 백화점 3층

	주중		주말	
	종일	18시 이후	종일	18시 이후
어린이(105cm 이하)	240B	160B	280B	200B
어린이(105cm 이상)	360B	240B	420B	280B
어른	100B	80B	100B	80B

몰리 판타지(Molly Fantasy)

카드에 미리 금액을 충전한 후 각종 오락 기계를 이용할 수 있는 오락실이다. 아이들이 좋아하는 회전목마, 인형 뽑기, 자동차 게임 등 다양한 게임기가 있어서 아이들이 특히 좋아한다. 키주나에 관심을 두지 않는 아이들을 데려가면 좋아할 것이다.

프로기즈(Froggy's)

다양한 크기의 트램펄린을 즐길 수 있는 곳이다. 생각보다 큰 규모의 트램펄린 시설을 보고 있으면, 어린 시절 동네 놀이터에서 뛰어놀던 생각이 난다. 생각보다 비싼 가격이지만, 아이들의 노는 모습을 보고 있으면 즐거운 미소가 입가에 번진다. 기본 1시간으로 표를 구매할 수 있고, 추가로 구매할지는 아이들의 체력 상태를 봐가면서 구매하는 게 좋다. 상주하는 직원이 항상 주의 깊게 아이들의 안전을 감독하고 있어서, 마음 놓고 부모들은 쇼핑이나 마사지를 받으면 된다.

주소_ 정실론 로빈슨 백화점 3층

	1시간	추가 1시간	2시간
일반	490B	300B	690B
학생	390B	300B	590B
어린이(110cm 이하)	390B	300B	590B

빠통의 다양한 맥주

태국에는 창, 싱아, 레오와 같이 유명한 라거 스타일의 맥주도 있지만, 최근 수제 맥주를 좋아하는 한국 관광객들은 여행지에서 그 지역 수제 맥주를 꼭 챙겨서 마시러 다니는 게 하나의 유행으로 자리 잡고 있다. 방콕에는 다양한 수제 맥주 가게가 많이 있지만, 푸켓에서 찾기는 쉽지가 않다. 다행히 태국 최고의 관광지인 푸켓답게 수제 맥주뿐만 아니라 맥주의 나라 벨기에의 다양한 맥주를 마셔볼 수 있다. 태국 라거 맥주에 지치신 분들이라면 한 번쯤 수제 맥주와 독특한 벨기에 맥주를 마셔보기를 바란다.

풀문 브루웍스(Full Moon Brewworks - Microbrewery & Restaurant)

푸켓에서 보기 힘든 수제 맥주를 빠통의 중심가인 정실론 더 포트 스퀘어 근처에서 마실 수 있다. 가게에 양조 시설을 갖추고 있어서 신선하고 다양한 맥주를 한국보다 저렴하게 마실 수 있다. 2010년에 오픈하여 지금까지 실력을 갖춘 푸켓에서 보기 드문 수제 맥주 가게이다.

아이피에이 IPA부터 흑맥주까지 다양한 자체 맥주도 갖추고 있어서, 취향에 따라 즐길 수 있다. 맥주를 잘 모르면 직원에게 취향을 얘기하면 친절하게 추천도 해주니 부담 없이 물어보기 바란다. 맥주에 어울리는 다양한 안주도 있으니 식사 시간에 가기에도 좋다.

저녁에 방문하면 라이브 음악을 들으면서 분수 쇼와 레이저 쇼도 보면서 마실 수 있어서 인기가 많은 곳이다. 일부 맥주는 푸켓지역 마트에도 납품하고 있다고 한다.

홈페이지_ fullmoonbrewwork.com **요금_** 밀맥주 200B, IPA 180B, 안다만 다크 에일 180B
시간_ 11시~10시 30분 **전화_** +66-76-366-753

벨기에 비어 카페(Belgian Beer Cafe Graceland)

정실론에서 북쪽 비치로드에 있는 그레이스 랜드 리조트의 신관에 있는 벨기에 맥주를 전문적으로 파는 펍 겸 레스토랑이다. 벨기에의 직접 공수해온 다양한 소품으로 꾸며놓아서 마치 벨기에 맥줏집에 온 듯한 착각을 들 정도이다.

우리가 익히 알고 있는 스텔라, 레페, 호가든 등 다양한 스타일의 벨기에 맥주를 생맥주로 마실 수 있고, 듀벨, 세종, 쇠뿔 모양의 잔으로 유명한 라 꼬르네 까지 다양한 종류의 병맥주도 보유하고 있다. 비치 로드 바로 앞에 있어서 해변을 바라다보면서 라이브 음악과 파도 소리를 들으며 맥주에 취할 수 있다. 아시아에서 벨기에비어 카페 지점이 있는 곳은 일본, 대만, 푸켓 단 3곳뿐이다. 라이브 음악은 18시부터 23시까지 열린다.

주소_ 190 Thawewong Rd, Tambon Patong   **요금_** 레페 299B, 칵테일 220B
시간_ 11시~24시   **전화_** +66-76-370-500

실내 엑티비티

휴가라고 항상 날씨가 좋을 수만은 없다. 부득이하게 종일 비가 온다면 난감하기 그지없다. 얼마나 고대하고 기대하던 짧은 휴가인데 날씨 때문에 숙소에서 방콕을 해야 한다면 슬프기 그지없다. 물론 호텔에서 몸과 마음을 편안하게 쉴 수도 있으나, 휴가 기분으로 들뜬 마음을 쉽사리 가라앉히긴 쉽지 않다. 어디라도 나가고 싶은데 도무지 날씨 때문에 할 수 있는 게 없다고 생각하지만, 빠통에는 다양한 실내 엑티비티가 준비되어 있으니 숙소에만 종일 있을 걱정은 안 해도 된다.

서퍼 하우스(surf House Phuket)

빠통 비치와 까타 비치 2곳에 지점을 가지고 있는 인공 서핑장이다. 바다의 상태와 상관없이 실내에서 기본기를 배우고, 마음껏 서핑을 즐기고 수 있어서 관광객들에게 인기가 많다. 방송〈배틀 트립〉에서 홍석천이 시도해서 한국 관광객들도 많이 찾는 곳이다. 초보자라도 직원들이 친절하게 차례차례 자세하게 가르쳐 줘서 재미있게 배울 수 있다.

비가 오거나 바람이 많이 불어서 해변에 나가지 못할 때 도전해보기 바란다. 기본 1시간 티켓을 끊고 입장하고, 서핑을 타다 넘어지면, 다음 차례를 기다려야 한다. 대기자가 많을 때는 생각보다 오래 기다려야 될 수도 있으니 되도록 사람이 안 붐비는 오전 시간에 가는 걸 추천한다. 안전을 위해 안경, 선글라스, 엑서사리는 착용을 금지하니 미리 제거하고 가는 게 좋다. 복장은 수영복이나 레시가드가 좋다.

바디 보드(Body Board)
보드에 엎드려서 타는 작은 서퍼 보드이다. 무릎을 꿇고 타기도 하지만, 주로 엎드려서 많이 탄다. 초보자가 타기에 좋다.

플로어 보드(Flow Board)
바디 보드보다 조금 긴 보드다. 주로 서서 타는 용으로 사용한다. 바디 보드로 파도가 익숙해진 다음 시도해 보는 게 좋다.

홈페이지_ surfhousephuket.com
요금_ 레페 299B, 칵테일 220B
시간_ 11시~24시
전화_ +66-76-370-500

카추 슈팅 레이저(Kathu Shooting Range)

푸켓 타운에서 빠통으로 넘어가는 길에 있는 사격 체
험장이다. 권총, 산탄총, 저격 총 등 다양한 총이 10발
기준으로 가격이 책정되어 있다. 사격장 입구에 들어
서면 총 종류에 따라 매표소에서 표를 구매하고, 사격
장 사로가 있는 곳으로 가서 간단한 안전 교육과 귀마
개를 지급받는다.

총을 받고, 장전해서 준비가 다 됐으면 방아쇠를 당겨
보자 생각보다 큰 소리와 반동 때문에 깜짝 놀란다. 바
로 옆에 방탄복을 입은 진행요원이 하나하나 자세히
가르쳐주고, 관리를 해주니 큰 걱정은 안 해도 된다.
그래도 사격장이니 항상 조심해야 한다. 총 끝을 사람
방향으로 향하게 하지 말자.

현장 매표소에서 구매하는 것보다 빠통 여행사에서
예약하고 가는 게 조금 더 싸게 갈 수 있다. 사격장면
을 찍으려면 200B를 내야 한다. 최고 점수를 기록한
사람은 표적과 함께 전시되어 있는데 아쉽게도 한국
사람은 없다. 오늘 그 주인공이 되어 보도록 하는 건
어떨까?

홈페이지_surfhousephuket.com **요금_** 레페 299B, 칵테일 220B **시간_** 11시~24시 **전화_** +66-76-370-500

SF 스트라이크 볼링장(SF strike Bowl)

로빈슨 백화점 3층에 자리 잡은 16개의 레인을 가지고
있는 쾌적하게 잘 관리된 볼링장이다. 3층에는 키주나
와 몰리 판타지, 트램펄린등 다양한 놀이 시설이 있는
데 어린이를 동반한 여행이라면, 어른들은 볼링을 치
면서 아이들을 기다리는 것도 좋은 방법이다. 락커도
제공하고 있어서 쇼핑 물품들을 안전하게 맡겨 놓을
수도 있다.

주소_ 로빈슨 백화점 3층 **요금_** 첫 게임 280B, 2번째 게임부터 180B
시간_ 12시~24시(일요일~목요일), 12시~01시(금요일~토요일)
전화_ +66-80-526-5444

Karon

까론

Karon

까   론

빠통^{Patong}에서 남쪽으로 수풀로 우거진 언덕을 넘어가면 넓게 펼쳐진 해안가와 웅장한 규모의 리조트들이 한눈에 들어온다. 빠통^{Patong}에서 사람들로 북적이고, 광란의 밤을 보낸 사람이라면 불과 몇 ㎞ 떨어지지 않는 곳에 이런 곳이 있을까 하는 착각이 들 정도로 빠통^{Patong}과는 완전히 다른 분위기이다.

예전 작은 어촌 마을이었던 곳에 큰 규모의 리조트와 호텔들이 자리 잡았지만, 아직도 시내 곳곳에는 옛날의 어촌 마을을 떠오르는 흔적들이 남아 있다. 고급 호텔부터 합리적인 가격의 숙소까지 다양하게 갖추고 있고, 한적하고 넓은 해변이 있어서 조용한 휴가를 목적으로 방문하는 관광객들이 선호하는 곳이다. 그래서 그런지 몰라도 젊은 사람들보다는 느릿하게 자기만의 여유를 즐기러 오는 사람들이 눈 많이 띈다. 까론^{Karon}을 메인 숙소로 잡은 사람은 욕심쟁이일지 모른다. 빠통의 화려한 밤을 즐길 수도 있고, 까론에서 조용하고 한적하게 휴식도 취할 수 있으니 말이다.

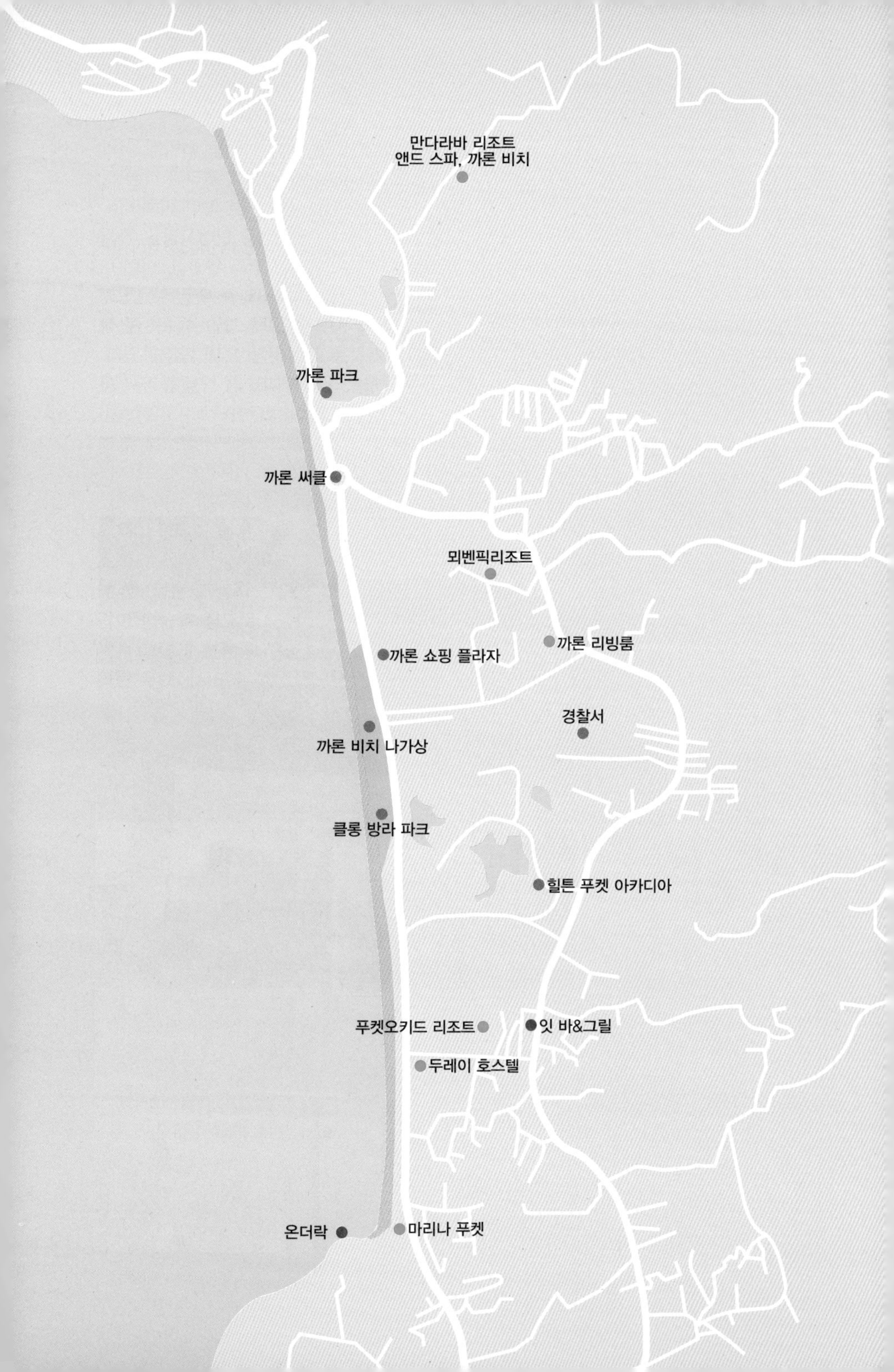

만다라바 리조트
앤드 스파, 까론 비치

까론 파크

까론 써클

뫼벤픽리조트

까론 쇼핑 플라자

까론 리빙룸

경찰서

까론 비치 나가상

클롱 방라 파크

힐튼 푸켓 아카디아

푸켓오키드 리조트

잇 바&그릴

두레이 호스텔

온더락

마리나 푸켓

까론 비치
Karon

푸켓Phuket 빠통Patong에서 7km 정도 야트막한 산을 넘으면 시원하게 펼쳐진 안다만 해를 끼고 있는 모래 해변을 일컫는다. 까론 비치는 까론 노이Karon Noi Beach, 까론 야이 비치Karon Yai Beach 구분된다. 구분은 하지만 르메르디앙 리조트가 전용해변으로 사용하는 까론 노이 비치는 숙박객 이외에는 입장할 수가 없어서, 우리가 까론 비치라고 부르는 곳은 까론 야이 비치이다. 3km에 이르는 부드러운 모래사장을 가지고 있어서 해변에는 패러 세일링, 제트 스키 등 다양한 엑티비티를 즐길 수 있고, 곳곳에서 시원한 열대 과일 주스와 간식을 판매하는 간이식당이 자리 잡고 있다. 푸켓Phuket 비치 중 파도가 가장 높아서 서핑을 배우러 많이 방문한다.

까론 써클
karon cycire

까론Karon 입구에 있는 로터리를 까론 써클이라고 한다. 까론 비치를 남·북으로 가로지르는 도로와 까론 사원인Wat Suwan Khiri Khet 가는 방향의 도로를 연결하고 있다. 써클 안쪽에는 어부의 조형물이 있고, 밤마다 다른 색의 조명으로 환하게 비춰 준다. 공항을 왕복하는 버스나 썽태우가 대부분 이 근처에 정류장을 갖고 있어서, 각종 도로 표시에 자주 나오는 곳이다.

왓 수완 키리 케트
Wat Suwan Khiri Khet

까론 써클에서 동쪽으로 약 1㎞ 정도 가면 나오는 왓 수완 키리 케트 사원Wat Suwan Khiri Khet은 1895년에 완공되었고, 법당과 스님들을 위한 생활 시설, 넓은 광장으로 이루어져 있다.
사원 입구에 들어서면 사원을 지키는 수호신인 커다란 황금빛의 용 두 마리를 볼 수 있고, 사원 내부에는 힌두교의 영향을 받은 힌두 여신상을 볼 수 있고, 어린 시절 부처의 삶을 묘사한 그림과 벽화가 있다. 태국의 절답게 화려하고 황금빛 장식이 눈에 띈다. 일주일에 두 번 야시장이 열린다.

까론 템플 시장
Karon Temple Market

왓 수완 키리 케트 사원^{Wat Suwan Khiri Khet} 사원에서 화요일, 금요일에 주 2회 열리는 시장이다. 푸켓의 기념 의류, 가방, 화장품, 기념품 등을 빅씨 마켓이나 빠통^{Patong}보다 저렴하게 판매한다. 기념품은 흥정할 수 있으므로 처음 가격에서 무조건 반은 깎아서 얘기하기 바란다.

입구 쪽 먹거리 노점에서는 꼬치구이, 팟타이, 해산물 요리, 태국 전통 요리를 저렴한 가격에 즐길 수 있다. 음식은 따로 먹는 공간이 없으니 포장해서 숙소에서 먹으면 된다. 조금 이른 시간에 방문하면 사원을 구경할 수도 있으니 미리 가서 구경하는 것도 나쁘지 않다. 빠통^{Patong}이나 까타에서도 일부러 찾아와서 시장을 구경하기도 한다.

시간 _ 16시~22시(매주 화요일, 금요일)

까론 비치 나가 상
Karon Dragon Statue

까론 비치 중간쯤에 자리 잡은 정자와 동 그랗게 똬리를 틀고 있는 황금색의 나가 조형물을 볼 수 있다. 나가란 불교 용어로 커다란 용을 의미한다. 까론Karon 현지인 이나 태국 관광객들은 나가상 주위에 촛불을 켜고, 간단한 음식을 공양하며 안녕과 소원을 기원한다.

푸켓Phuket섬은 안다만해에서 나온 용에 의해 만들어진 전설이 전해 내려오는데, 이 나가 상은 전설의 용을 상징한다. 일몰 시각에 오면 나가 상의 황금빛과 일몰이 어우러져 환상적인 풍경을 자아낸다.

파파야
Papaya

까론 써클 근처에 있는 오랜 전통이 있는 태국 요리 전문점이다. 노란색의 외관에 야외석과 실내석을 갖추고 있는 까론에서 꽤 큰 규모의 레스토랑이다. 영어를 잘하는 친절한 직원이 메뉴에 대한 자세한 설명도 해주고, 아이들을 위한 햄버거, 치킨 너겟 등이 따로 있어서, 외국인 가족 여행객들을 쉽게 볼 수 있다.

날씨가 좋은 날이면 야외석은 손님들로 꽉찬다. 똠얌꿍, 팟타이, 쏨땀, 푸팟퐁 커리 등 태국의 메뉴뿐만 아니라 서양요리도 합리적인 가격에 먹을 수 있어서, 한번 방문하면 왠지 모르게 계속 방문하게 된다.

주소_ 516/21 Patak Road, Karon, Phuket
시간_ 12시~22시
요금_ 갈비 바비큐 290B, 생선구이 390B,
　　　파인애플 볶음밥 190B, 망고 라이스 120B
전화_ +66-76-398-030

징 레스토랑
Ging Restaraunt

올드 푸켓 리조트 근처에 있는 태국 해산물 식당이다. 만국기가 흩날리는 노란색의 실내는 아늑하고 정갈한 분위기를 제공한다. 매콤하고 시큼한 똠얌꿍, 쌀국수를 각종 채소와 볶은 팟타이와 안다만해에서 잡은 싱싱한 태국 전통 스타일의 농어요리는 꼭 한번 먹어봐야 한다. 햄버거, 피자, 파스타 등 서양요리 메뉴도 제공한다. 푸짐한 양과 저렴한 가격으로 오랜 시간 동안 관광객들의 변함 없는 사랑을 받는 곳이다. 굳이 식사가 아니어도 간단한 음료나 칵테일을 마시러 오기에도 좋다. 식사를 마치고 까론 비치를 산책하고 숙소로 걸어 돌아가는 걸 추천한다.

주소_ 192/36 Karon Rd, Tambon Karon, Amphoe Mueang Phuket
시간_ 10시~23시
요금_ 팟타이 120B, 농어요리 550B, 오리고기 280B, 치킨 100B
전화_ +66-76-398-106

마마 레스토랑
Mama Restaurant

까론 써클 초입부에 있는 하얀색 외관으로 멀리서도 한눈에 알아볼 수 있다. 주방이 있는 1층 테이블과 식사 공간인 2층으로 구분되어 있다. 2층 테이블은 1층 테이블이 만석이 되어야만 이용할 수 있다. 갓 잡은 싱싱한 해산물을 입구에 먹음직스럽게 진열해 놔서 들어가기 전부터 기대가 되게 한다.

해산물을 고르고 구이나 튀김 등 원하는 조리 방법을 얘기하면 된다. 타이거 새우, 바닷가재, 생선튀김이 있는 해물 모듬이 대표 메뉴이다. 간단한 채소와 과일이 있는 샐러드 바는 메인 요리가 나오기 전에 이용하는 게 좋다. 까론 비치 바로 앞에 있어서 해 질 녘 석양을 보고 와서 식사하기 좋다. 노점 음식보다 조금 높은 가격에 분위기 있게 식사를 할 수 있다. 해산물은 100g당 가격이니 잘 계산을 해보기 바란다.

홈페이지_ mamaphuket.com
주소_ 542/1 Patak Road, Karon, Muang, Phuket
시간_ 11시~22시
요금_ 해산물 구이 120B, 파인애플 볶음밥 130B, 생선튀김 350B, 피자 200B
전화_ +66-76-396-611

비타폰
Vitaporn

까론 써클근처 워터 프론트 아파트 입구
에 있는 해산물 및 스테이크 전문 레스토
랑이다. 외부에서도 찾기 쉽게 커다란 간
판이 있어서 간판을 따라 안쪽으로 들어
가면 된다. 비타폰은 식당 주인의 어머니
이름이라고 한다. 어머니 이름의 자부심
을 걸고 태국 푸팟퐁 커리, 가재 요리, 랍
스타 요리와 호주산 티본 스테이크, 안심
스테이크 등 다양한 요리를 맛있게 먹을

수 있는 곳이다. 아늑한 실내공간과 하늘
색의 파라솔이 있는 야외공간이 있다. 길
에서 떨어져 있어서 조용하게 대화를 하
면서 음식을 먹을 수가 있고, 밤이 되면
야외 광장에도 손님이 가득 찰 만큼 인기
가 많은 곳이니 미리 방문하기 바란다.

주소_ 224/18–19 Patak Road, Karon
시간_ 12시~24시
요금_ 돼지고기 팬 스테이크 445B,
호주산 안심 스테이크 695B,
티본 스테이크 895B
전화_ +66-76-398-089

에페스 레스토랑
EFES RESTAURANT

까론 써클에서 사원으로 올라가는 길에 있는 터키 요리 전문점이다. 푸켓은 전 세계인에게서 인기가 많은 관광지답게 다양한 나라의 음식을 먹어 볼 수 있는 장점이 있다. 아기자기한 장식이 있는 실내석과 밤에만 펼쳐지는 야외석이 있다.
긴 쇠꼬챙이에 나오는 터키식 꼬치구이인 쉬시Shisi, 토마토소스를 이용한 계란 요리인 샥슈카saksuka등 평소에 먹어보지 못한 요리를 먹어 볼 수 있다. 아이들을 위한 놀이시설도 한쪽 구석에 갖추고 있어서 가족 여행객들이 방문하기에도 좋은 곳이다.

///

주소_ 470/4 Patak Rd, Tambon Karon
시간_ 11시~23시
요금_ 돼지고기 팬 스테이크 445B,
호주산 안심 스테이크 695B,
티본 스테이크 895B
전화_ +66-94-453-2005

엘 가우초
El Gaucho

모벤픽 리조트의 부속 레스토랑 중 하나이다. 가우초는 남미의 대평원이나 팜파스에서 소를 키우며 유목 생활을 하는 카우보이를 의미한다. 가게 이름에서 알 수 있듯이 이 식당의 메인 요리는 소고기를 포함한 각종 고기 요리이다.

실내 테이블과 해변이 보이는 실외 테라스가 있어서 파도 소리를 들으며 식사하기에 좋다. 이 식당의 매력은 무제한 제공되는 브라질 꼬치 요리인 슈하스코 churrasco다. 소 등심, 닭고기, 돼지고기뿐만 아니라 새우구이, 오징어, 문어 등 싱싱한 해산물을 순서에 맞게 가져와서 먹을 만큼 계속 잘라준다. 고기와 잘 어울리는 남미의 다양한 와인 리스트도 갖추고 있다. 특히 아르헨티나산 말벡은 고기 요리와 잘 어울린다. 샐러드 뷔페도 있으니 고기 먹기 전에 적당히 먹기 바란다.

주소 509 Patak Rd, Tambon Karon
시간 18시~23시
요금 슈하스코 1200B, 소고기구이 310B,
버섯 리소토 460B

다 마리오
Da Mario Restaurant

까론에서 이탈리아 정통 화덕 피자를 맛볼 수 있는 곳이다. 까론 비치 로드에 있어서 바다를 보면서 여유롭게 식사를 할 수 있다. 피자를 돌리고 있는 요리사 모형이 벽에 장식되어 있어 입구에 들어가기 전부터 입가에 미소를 짓게 만든다. 고르곤 졸라 피자, 파스타, 스파게티 등

이탈리아 전통방식으로 만든 메뉴와 쌀국수, 팟타이 등 태국 음식도 함께 즐길 수 있다. 비치에서 가까워서 물놀이를 하고 허기질 때 가기 좋은 곳이다.

주소_ 19 20, 526 Patak Rd, Karon
시간_ 10시~23시
요금_ 고르곤 졸라 피자 320B, 나폴리 피자 280B, 파인애플 볶음밥 220B, 치킨 꼬치 120B
전화_ +66-76-398-056

민트 레스토랑 & 바
MINT Restaurant & Bar

해변이 보이는 오픈 바로 캐쥬얼한 분위기로 관광객들의 발길이 끊이지 않는 레스토랑 겸 바이다. 가운데에는 화려한 조명을 밝힌 피자 오븐이 설치된 원형 바가 있다.

매일 저녁이 8시부터 11시까지는 라이브 음악 및 태국 전통 공연도 펼쳐지고 기념일마다 다양한 이벤트도 진행한다. 매주 금요일 저녁 7시부터 10까지는 잇 드링크 파티Eat Drink Party를 열어 음료 무제한 파티를 하고 있다.

주소_ 509 Patak Rd, Tambon Karon
시간_ 12시~01시
요금_ 연어 샐러드 320 마르게리타 피자 300B,
칵테일 250B
전화_ +66-76-396-139

까론 비스트로
Karon Bistro

푸켓 오키드 리조트 건너편에 있는 태국식 전통 스타일의 목조 건물이 눈에 뛰는 레스토랑이다. 식당 바로 앞에는 주차도 가능할 만큼 넓은 공간이 있어서 도로에서는 바로 보이지 않을 수도 있다. 찾기 어렵다면 써브웨이 샌드위치 가게를 찾아가면 쉽게 찾을 수 있다. 외관으로 보기에는 작은 식당 같지만, 안으로 들어가 보면 꽤 넓은 홀이 나오고 아름드리나무가 있는 야외 테이블이 있다.

야외 테이블은 도로와 완벽히 떨어져 있어서 식사 자체에만 집중할 수 있다. 태국 요리부터 다양한 디저트도 매력이고, 채식주의자를 위한 음식도 준비되어 있다. 소화가 잘 안 되는 사람을 위한 글루텐 없는 피자와 파스타도 준비되어 있다. 저녁 시간에는 라이브 음악을 들으면서 와인도 한잔하면 좋다.

주소_ 15/5 Luang Phor Chuan Rd, Tambon Karon
시간_ 13시~10시
요금_ 매쉬드 포테이토 85B, 마르게리타 피자 199B, 멕시카나 피자 289B, 연어구이 499B
전화_ +66-93-581-8110

PHUKET

잇 바 & 그릴
EAT. bar & grill

태국 음식에 지칠 때 제대로 된 요리를 먹고 싶으면 꼭 가보자. 순위 사이트에서 항상 최상위권을 유지하고 있는 레스토랑이다. 스웨덴 주방장의 제대로 된 요리를 맛보고자 하는 관광객들이 많아, 식사 시간 땐 가면 대기를 해야 할 만큼 인기가 대단한 맛집이다. 대표 메뉴인 샤토 브리앙은 품질을 위해 하루에 15에서 20개만 한정 주문받는다고 한다.

샤토브리앙chateaubriand은 소고기 안심의 중앙 부위를 두툼하고 넓적하게 썰어 구운 프랑스식 소고기 스테이크 요리이다. 스테이크 메뉴뿐만 아니라 직화로 구워 숯불 향이 가득한 패티를 넣은 햄버거도 인기 메뉴이다. 저녁 시간에 오면 복잡할 수 있으니 오후 5시쯤 가는 게 좋다.

홈페이지_ eatbargrill.com
주소_ 250 1 Patak Rd, Tambon Karon
시간_ 11시~10시 30분
요금_ 샤토 브리앙 799B, 소고기 찹 스테이크 덮밥 499B, 오리 가슴 스테이크 399B
전화_ +66-85-292-5652

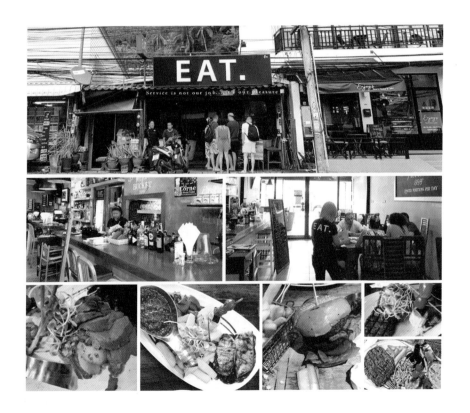

온더락 레스토랑
On The Rock Restaurant

마리나 푸켓 리조트 부속 레스토랑인 온더락은 까론 비치를 한눈에 볼 수 있는 전망으로 인기가 많은 레스토랑이다. 리조트 로비 건물 왼쪽으로 가면 레스토랑 표지판이 나오고 열대 나무가 우거진 나무다리를 건너면 까론 비치가 한 눈에 들어오는 레스토랑이 보인다.
이 광경을 보려고 빠통이나 까타에서 오는 관광객도 있을 정도이다. 다양한 해산물에서부터 태국 요리까지 다양한 메뉴를 갖추었다. 무엇을 먹고, 마시던 해변 풍경을 보면서 먹으면 그걸로 된 것이다.

해변이 보이는 자리는 바로 가면 쉽게 앉을 수 없으니 예약을 하고 가는 게 좋다. 다만 수풀에 둘러싸여 있어 모기가 많으니 미리 모기약을 챙겨 가야 한다. 신혼여행이나 커플 여행 시 분위기를 내고 싶을 때 가보자. 예약 시 생일이나 기념일이라고 얘기하면 작은 이벤트도 해주니 꼭 챙기기 바란다. 계단을 내려가며 바로 까론 비치와 연결되어 있어 미리 도착했다면 가볍게 산책을 하기에도 좋다.

홈페이지_ marinaphuket.com
주소_ 47 Karon Road Tambon Karon
시간_ 12시~11시 30분
요금_ 볶음밥 250B, 팟타이 250B, 똠얌꿍 180B, 파스타 290B, 랍스타 280B/100g
전화_ +66-76-330-625

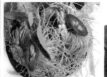

바이 토이
Bai Toey

까론 비치 중심에 있는 올프 푸켓 까론 비치 리조트에 있는 타이 음식을 전문으로 하는 레스토랑이다. 열대 나무와 식물들로 둘러싸인 식당은 보기만 해도 마음을 편안하게 해준다. 에어컨이 나오는 실내보다 나무로 둘러싸이고 자갈 바닥인 야외석을 손님들이 좋아한다.

요일마다 세트메뉴도 판매하고 있으니 눈여겨보기 바란다. 벽을 보면 그동안 다녀갔던 사람들의 후기를 볼 수 있으니 추억을 남기고 싶으면 동참해보자. 카드 결제는 힘드니 꼭 현금을 지참해서 가기 바란다.

홈페이지_ baitoeyrestaurant.com
주소_ 192/36 Patak Rd, Karon
시간_ 12시~11시
요금_ 오징어 요리 200B, 새우 요리 200B,
　　　　샌드위치 150B, 파스타 290B, 팟타이 150B
전화_ +66-81-691-6202

까론 카페 스테이크 하우스
Karon Café steak house

1989년 문을 연 이래로 한자리에서 이 식당처럼 꾸준히 사랑을 받는 식당도 드물 것이다. 30년 동안 한결같이 맛있는 스테이크를 전문으로 한다. 사장인 미국인 에릭이 싱싱한 호주산 생고기를 까다롭게 고르고, 변치 않는 레시피로 요리한다. 스테이크와 곁들여 먹으면 좋은 다양한 와인 리스트도 가지고 있고, 스테이크를 시키면 무료로 수프와 샐러드 바를 이용할 수 있다. 스테이크 이외에도 햄버거, 샌드위치, 태국 요리도 판매한다.

///

홈페이지_ karoncafe.com
주소_ 526/17 Patak Road, Karon
시간_ 12시~11시
요금_ 로스트비프 295B, 카르보나라 195B, 팟타이 195B
전화_ +66-76-398-352

까론 나이트 라이프

앵거스 오툴스 아이리쉬 펍(Angus O'Tools Irish Pub)

까론 중심지라고 할 수 있는 센트라 리조트 입구에 있는 유명한 아이리쉬 펍이다. 2003년부터 까론의 밤을 책임지고 있다. 실내는 아일랜드 분위기가 물씬 풍기는 소품들로 가득하다. 스포츠 중계를 볼 수 있는 대형 스크린이 있는 꽤 큰 규모의 실내가 있고, 야외 테이블에는 밤이 되면 사람들이 시원한 맥주와 간단한 안주를 먹는다.
아이리쉬의 대표 맥주인 기네스부터 태국 생맥주를 마실 수 있고, 유명 스포츠가 열리는 날이면 외국인 관광객들로 가득 찬다. 매주 금요일 9시 15분부터는 태국 3인조 밴드가 다양한 음악을 라이브로 불러준다.

홈페이지_ otools-phuket.com **주소_** 516/20 Patak Road, Tambon Karon **시간_** 10시~01시
요금_ 아일랜드식 조식 290B, 피자 280B, 기네스 230B, 하이네켄 230B **전화_** +66-93-696-1718

더 개러지(The Garage)

까론에 있는 펍 중에 가장 최근에 오픈한 곳이다. 까론에는 오랜 시간 동안 사랑받는 조용한 펍들이 많지만 개러지 펍은 그중에서 가장 젊은 펍에 속한다. 그래서 그런지 젊은 사람들이 특히 많이 눈에 띄는 곳이다.

원목으로 꾸미고 어두운 조명의 실내와 드럼통을 테이블로 쓰고 야외무대가 있는 야외석으로 구분된다. 날씨가 좋은 날에는 까론 해변에서 불어오는 바람을 느끼면 라이브 공연을 들을 수가 있다. 실내에는 포켓볼도 즐길 수 있는 테이블이 있다. 칵테일이 좀 비싼 게 흠이지만, 괜찮은 라이브 음악을 듣기 위한 입장료라고 생각하자.

주소_ 522 Patak Rd, Tambon Karon
시간_ 17시~02시 30분 요금_ 칵테일 240B, 피자 280B 전화_ +66-76-396-213

SLEEPING

힐튼 푸껫 아카디아 리조트
Hilton Phuket Arcadia Resort

까론의 중심에 있는 힐튼 리조트는 푸켓에서 규모 면에서 타 리조트를 압도한다. 3개의 다른 건물로 이루어져 있고, 총 662개의 다양한 객실을 보유하고 있다. 객실은 크게 까론 비치 방향과 열대 정원이 보이는 곳에 따라서 가격이 차이가 난다.

뭐니해도 까론 힐튼의 장점은 미끄럼틀이 있는 압도적인 크기의 수영장이다. 미끄럼틀 주위에는 종일 아이들의 웃음소리가 끊이지 않는다. 후문으로 길 건너면 바로 해변으로 갈 수 있어서 위치적으로도 아주 좋다. 잘 갖춰진 스파 시설과 다양한 레스토랑과 커피숍도 있어서 종일 리조트에 머물러도 괜찮다. 호텔이 너무 넓어 셔틀로 이동해야 하는 게 단점이라면 단점이다.

홈페이지_ hilton.com
주소_ 333 Patak Rd, Tambon Karon
요금_ 디럭스 3371B, 주니어 스위트 3941B, 디럭스 패밀리 5270B
전화_ +66-76-396-433

센트라 그랜드 비치 리조트
Centara Grand Beach Resort

5성급의 센트라 그랜드 비치 리조트는 빠통에서 까론으로 넘어오는 초입에 있어서 빠통이나 까론 둘 다 접근하기 편리하다. 바로 앞 해변은 리조트에서 전용으로 사용해서 항상 조용하고 한적해서 물놀이 하기에 좋다.
리조트 중심에 자리 잡은 수영장은 워터파크를 연상시킬 만큼 넓고, 미끄럼틀과 다이빙대가 있는 수영장을 비롯한 다양한 시설들로 여행객들의 사랑을 듬뿍 받는 곳이다. 바다가 바라보이는 스파와 풀 엑세스 룸은 신혼 여행객들에게 인기가 많다. 호텔 내 음식 가격이 높은 편이나, 주위에 식당이나 마켓이 없어서 대안이 없다.

홈페이지_ centarahotelsresorts.com
주소_ 683 Karon Beach, Patak Rd, Tambon Karon
요금_ 디럭스 4701B, 프리미엄 5763B,
　　　럭셔리 풀 스위트룸 13831B
전화_ +66-76-201-234

PHUKET

뫼벤픽 리조트
Movenpick Resort
& Spa Karon Beach Phuket

뫼벤픽 리조트는 까론 비치 중심부에 있고 까론 비치와 가깝다. 수영장을 4개나 갖춘 큰 규모의 리조트로 산책하는데 꽤 시간이 걸린다. 레지던스 건물에 있는 객실과 빌라식 숙소로 구분되고, 빌라식 숙소는 간단한 주방 시설도 갖추고 있어서 가족 여행객들에게 인기가 좋다.

리조트의 최대의 장점인 수영장은 굳이 비치 생각이 안 날 정도로 잘 갖추어져 있다. 엘 가우초, 민트 바, 카페 스튜디오 등 다양한 레스토랑 및 카페를 보유해서 외부 손님들에게도 인기가 많다.

홈페이지_ movenpick.com
주소_ 509 Patak Rd, Tambon Karon
요금_ 수페리어 3514B, 가든 디럭스 4368B,
　　　패밀리룸 5033B
전화_ +66-76-683-350

푸켓 오키드 리조트
Phuket Orchid Resort

푸켓 공항에서 45분 거리에 있는 리조트로 워터파크로 특히 유명한 리조트이다. 우리나라 워터파크 수준의 슬라이딩은 아이들뿐만 아니라 어른들도 좋아한다. 객실은 크게 디럭스 가든, 디럭스 더블, 스탠다드, 패밀리 룸으로 나뉘어 있고, 산 전망과 바다 전망으로 크게 나뉜다.

좀 오래된 리조트이고, 최근 단체 관광객들이 많이 오다 보니 객실 상태는 최상급은 아니다. 와이파이도 로비와 식당에서만 무료이고 객실은 유료이다. 리조트 주변에 마사지 가게, 현지 식당, 편의점 등이 가깝게 있어서 편리하다.

///

주소_ Luang Phor Chuan Rd, Tambon Karon
요금_ 디럭스 가든 1371B, 풀 엑섹스 3559B,
　　　 패밀리룸 5178B
전화_ +66-76-683-350

르메르디앙 푸켓
Le Méridien Phuket Beach Resort

까론 노이 비치를 이용하는 방법은 르메르디앙 리조트에 머무는 방법밖에 없다. 비치 바로 앞에 세워진 리조트는 명성만큼이나 좋은 환경과 쾌적하고, 깔끔하게 잘 관리된 숙소로 까론을 찾는 큰 이유이기도 하다. 해변이 바라다보이는 테라스에서의 휴식은 진정 내가 휴가를 왔구나 하는 생각이 들게 한다.

객실은 태국 스타일로 모던하게 꾸며져 있으며, 곳곳에 세심한 배려가 눈에 띈다. 골프, 농구, 배구, 탁구 등 다양한 취미 활동을 할 수 있고, 해변에서는 다양한 수상 스포츠를 제공하고 있다. 키즈 클럽도 있어서 가족 관광객들의 호평이 대단하다.

홈페이지_ marriott.com
주소_ 29 Soi Karon Nui Tambon Karon
요금_ 그랜드 스위트 16000B, 디럭스 스위트 10800B
전화_ +66-76-370-100

액세스 리조트
Access Resort and Villas

2006년에 오픈한 139개의 객실을 가지고 있는 리조트이다. 베네치아풍의 독특한 스타일로 모든 객실이 풀로 연결된 것이 리조트의 최대 자랑거리이다. 룸서비스를 요청하면 작은 나무배를 음료와 식사를 객실까지 전달해주는 로맨틱한 장면을 볼 수 있다.

리조트에는 당구나 요리 프로그램 등 다양한 취미 활동을 위한 프로그램이 있어서 지루할 틈이 없다. 단점이라면 까론 비치까지 도보로 이동하기에는 시간이 걸린다는 것이지만, 매일 11시, 13시에 비치로 향하는 셔틀 서비스를 해줘서 크게는 불편한 점은 없다.

홈페이지_ accessresort.com
주소_ 459/2 Patak Road, Amphur Muang Phuket
요금_ 수페리어 더블 2565B, 디럭스 더블 2941B,
　　　풀 스위트룸 5700B
전화_ +66-76-398-489

마리나 푸켓
Marina Phuket Resort

까론 비치 남쪽 나지막한 언덕 숲속에 있는 리조트이다. 리조트가 있기 전에는 코코넛 농장이었던 만큼 아직도 곳곳에는 울창한 열대 나무와 식물들로 둘러싸여 있다. 이런 숲속에 리조트에 과연 해변이 있을까 하고 생각되지만, 숲을 조금만 벗어나면 스노클링이 가능한 해변이 나온다.

숲속 군데군데에 있는 코티지는 완벽한 사생활을 보호할 수 있다. 숲과 바다를 함께 즐길 수 있는 최고의 리조트이다. 까론에서 유명한 뷰를 자랑하는 유명한 온더락 레스토랑도 있다.

홈페이지_ marinaphuket.com
주소_ 459/2 Patak Road, Amphur Muang Phuket
요금_ 수페리어 더블 2565B, 디럭스 더블 2941B,
　　　풀 스위트룸 5700B
전화_ +66-76-330-625

까론 리빙 룸
Karon Living Room

33개의 객실을 갖춘 3성급의 호텔이다. 1
층에는 조식을 먹을 수 있는 식당과 간단
한 게임기와 안마 의자가 있다. 객실은 디
럭스부터 패밀룸까지 합리적인 가격으로
제공된다. 조식 포함 여부에 따라 가격이
달라지니 잘 확인하기 바란다.
숙소의 전 객실은 무료 와이파이가 가능
하고, 1층 로비에는 물놀이용 보드와 튜브
도 빌려주니 해변에 갈 때 요긴하게 사용
할 수 있다. 다양한 투어 상품도 판매하니
관심 있는 투어는 문의를 해보자. 1층에
는 태국 요리를 전문으로 하는 레스토랑
도 있어서 멀리 나가기 귀찮을 때 요긴하
게 이용하면 된다. 까론 비치와는 좀 떨어
져 있는 점이 아쉬울 따름이다.

홈페이지_ karonlivingroom.com
주소_ 481 Patak Rd, Tambon Karon
요금_ 디럭스 415B, 디럭스 싱글(조식 포함) 567B,
　　　패밀리룸 829B
전화_ +66-76-286-618

올스타 게스트 하우스
Allstar Guesthouse

까론 써클 근처에 있어서 해변 가기 편하고, 주위에 다양한 식당, 바, 마사지 가게들이 있어서 모든 것을 한 곳에서 해결할 수 있다. 파란색의 외부는 멀리서도 쉽게 찾을 수 있고, 객실은 잘 정리정돈 되어 있어서 머무는 데 딱히 불편함은 없고, 에어컨, 개인 금고, 테이블이 갖추어져 있다.

1층에는 차와 과일을 무료로 이용할 수 있다. 골목 안쪽으로 들어와 있어서 잘 때도 조용하게 잘 수 있다. 사장인 토니의 세심하고, 친절함 때문에 매년 오는 단골이 있을 정도이다. 장기간 머무르려는 관광객들에게 추천한다.

홈페이지_ allstarguesthousephuket.com
주소_ Patak Road 514/13, Karon Beach, Phuket
요금_ 스탠다드 더블 695B, 디럭스 더블 1,050B, 수페리어 더블 1100B
전화_ +66-83-590-3862

두레이 호스텔
Doolay Hostel

뭐니 뭐니해도 이 호스텔의 최고 장점은 2층 테라스에서 보는 까론 비치가 아닌가 한다. 해질녁 테라스에서 바라보는 해변은 아름답다는 말로 부족할 정도이다.
객실은 8인 혼성 도미토리, 여성 전용 도미토리, 4베드 도미토리등 다양하게 있고, 공용으로 사용하는 샤워실과 화장실이 있다. 2층 거실에는 TV, 게임기, 책등이 있다. 개인 락커와 침대에 커튼이 있어서 편리하게 이용할 수 있다. 간단한 식사를 해먹을 수 있는 공용 주방도 제공하고 있고 주위에 조금만 걸어가면 까론에서 유명한 맛집들이 많아서 지내기에 불편함은 없다.

홈페이지_ doolayhostel.com
주소_ 164 Karon Road Tambon Karon
요금_ 혼성 도미토리 189B, 4베드 도미토리 243B
전화_ +66-62-451-9546

Kata

까따

Kata
까   따

푸껫Phuket에서 남쪽으로 내려갈수록 아름다운 에메랄드빛 바다를 한적하게 즐길 수 있다. 까따Kata는 가족 친화적인 해변을 가지고 있어서 빠통Patong 다음으로 관광객들이 많이 찾는 해변이다. 바다를 바로 볼 수 있는 해변에 자리 잡은 고급 리조트에서부터 배낭여행자들이 좋아하는 호스텔까지 다양한 숙소들과 빠통보다 화려하지 않지만 아기자기한 나이트 라이프로 한적하게 휴가를 보내고 싶은 여행객들에게 가장 잘 맞는 곳이다.

리조트, 레스토랑, 마사지 가게 등이 몰려 있는 까따 야이 비치Kata Yai Beach와 까따 타니 리조트에 둘러싸인 작고 아담한 해변인 까따 노이 비치Kata Noi Beach로 구분된다.
까따Kata는 가족 여행객들뿐만 아니라 힐링이 필요한 여행자에게 안성맞춤인 곳이다.

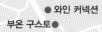

와인 커넥션

부온 구스토●

마마 인디고●   ● 까따 나이트 마켓

● 푸섬

버팔로 스테이크
●

레드 덕
●

레드 체어
●

비욘드 리조트
●

보스 하우스●   ● 투 쉐프

스카 바●

● 눅디 부티크 리조트

● 더 센테크

맘 트리스 빌라 로얄●

● 에프터 비치

까따타니 푸켓 리조트
●

콕창 사파리
●

까론 뷰 포인트
●

까따 비치
Kata Beach

일반적으로 까따 비치는 까따 야이 비치 Kata Yai Beach를 말한다. 까론에서 남쪽으로 야트막한 언덕을 넘어가면 1.5km에 이르는 작고 아담한 해변이 나온다.
황금빛 모래사장에는 항상 여행객들로 가득 차 있고, 에메랄드빛 바다에는 패러세일링, 서핑, 카약 등 다양한 엑티비티를 즐기는 사람으로 항상 활기에 넘친다. 파도가 높은 비성수기에는 서핑 대회가 열릴 만큼 파도가 세기도 하다. 곳곳에 서핑 보드를 대여해주고 가르쳐주는 서핑 스쿨이 있다. 해변에서 까론 방향에는 뿌 섬 Kho Poo이 있어서 해 질 녘에 한층 운치를 더해준다.

까따 노이 비치
Kata Noi Beach

까따 야이 비치^{Kata Yai Beach}에서 남쪽으로 길을 가다 보면 까론 전망대와 까따 노이 비치로 나뉘는 삼거리에서 오른쪽의 언덕을 넘어가면 까따 노이 비치로 갈 수 있다.

가는 길에 몇 개의 레스토랑, 마사지 가게, 편의점을 볼 수 있고, 까따타니 리조트를 끼고 돌아가면 작은 해변이 나온다. 수심이 깊지 않고, 파도가 잔잔하여 아이들과 물놀이 하기에 좋고, 스노클링도 즐길 수 있다.

까따 센터
Kata Center

까론Karon에서 까따Kata로 넘어가는 야트막한 언덕 근처를 일컫는다. 언덕 초입부터 다양한 레스토랑과 가게가 까따Kata 삼거리까지 이어져 있어 딱히 경계를 말하기는 쉽지는 않다.

다양한 레스토랑, 기념품 가게들이 있어서 까론Karon이나 까따Kata에서 도보로 가서 구경하기에 좋다.

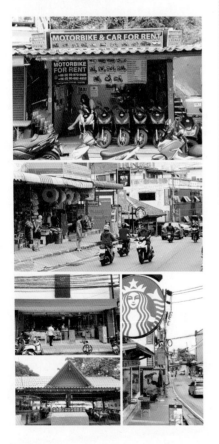

다이노 파크
Dino Park

까따Kata로 넘어가는 초입에 있는 공룡을 테마로 하는 공원이다. 열대우림에 다양한 공룡과 폭포, 작은 호수, 화산 등으로 꾸며 놓은 공원은 레스토랑과 함께 가족 여행객들에게 인기가 많은 곳이다.

마치 쥐라기 공원을 옮겨놓은 듯한 외관으로 멀리서도 한눈에 알아볼 수 있다. 실외에는 레스토랑과 바가 있고 안쪽에는 공룡과 석기 시대의 다양한 조형물로 꾸며진 18홀 규모의 미니 골프장이 있다. 18홀을 다 도는데 40분 정도가 소요된다.

홈페이지_ dinopark.com
주소_ 47 Karon Road Tambon Karon
시간_ 10시~23시
요금_ 입장료 성인 120B, 어린이 90B,
　　　　골프 요금 성인 240B, 어린이 180B
전화_ +66-76-330-625

까론 전망대
Karon View Point

빠통^{Patong}, 까론^{Karon}, 까따^{Kata} 비치를 한 눈에 볼 수 있는 전망대이다. 까따에서 교통수단으로 15분 정도 구불구불한 산길을 올라가다 보면 가장 높은 곳에 자리하고 있어서 빠통^{Patong} 시내까지 한눈에 볼 수 있다.

휴식을 취할 수 있는 정자와 간단한 산책길, 빠통 비치까지 볼 수 있는 망원경을 갖추고 있다. 전망이 좋아서 푸켓 주요 관광지 중 하나이다. 입구에는 독수리와 함께 사진을 찍어주는 사람이 있는데 특히 아이들에게 인기가 많다. 주차공간이 있어서 차나 오토바이를 가져가도 된다.

레드 체어 레스토랑
Red Chair Restaurant

까따 삼거리에서 왼쪽 언덕을 지나서 10분 정도 걸어가면 오른쪽에 있는 해산물 및 태국 요리 레스토랑이다. 까따 비치와는 좀 떨어져 있어서 가는 길에 식당이 있을까 생각된다. 찾아가기는 쉽지 않지만, 한번 방문하면 까따에 머무는 동안 계속 방문하게 되는 식당이다.
푸짐한 양과 맛있는 음식, 빠른 서빙으로, 허기에 지친 관광객들의 마음을 단숨에 사로잡는다. 휴양지라 비싼 식당만 있다는 편견을 깨주기에 충분한 곳이다. 짐작하겠지만 이곳의 의자는 모두 붉은색이다. 삼거리 근처가 숙소가 아니라면 택시를 이용해서 가는 걸 추천한다.

주소_ 89 Koktanod Road | Ban Karon
시간_ 10시~21시 30분
요금_ 모닝글로리 볶음 80B, 생선튀김 120B, 팬케이크 120B
전화_ +66-89-874-4395

레드 덕 레스토랑
Red Duck Restaurant

까따에서 MSG를 넣지 않은 깔끔한 음식을 먹을 수 있는 곳이다. MSG뿐만 아니라 냉동된 제품도 사용하지 않을 만큼 음식에 대한 자부심이 대단한 곳이다. 까따 비치와는 거리가 좀 있지만, 에어컨이 나오는 실내와 4개의 테이블을 갖추고 있는 야외석이 있는 태국 요리 전문 식당이다. 다른 요리도 인기가 많지만, 망고 커리는 한 번도 먹어보지 못한 맛으로 관광객들에게 인기가 좋다.

새우뿐만 아니라 게가 들어간 똠얌꿍은 매콤하고 코코넛의 향긋한 향이 은은히 나서 식욕을 돋워준다. 이 식당은 요리 때문에 디저트를 못 먹는 상황이 발생할 만큼 요리 하나하나가 맛이 있다. 가격이 좀 높은 편이지만, 까따에 왔으면 꼭 한번 와봐야 하는 식당 중 하나이다. 아이들을 위한 의자와 식기도 준비되어 있다.

홈페이지_ restaurantwebexperts.com
주소_ 88/3 Soi Khoktanod from Kata
시간_ 11시 30분~23시
요금_ 커리 요리 260B, 쏨땀 140B, 파인애플 볶음밥 280B, 팟타이 160B, 똠얌 씨 푸드 380B
전화_ +66-84-850-2929

맘 트리스 키친
Mom Tri's Kitchen

각종 추천 사이트에서 항상 최고의 순위권에 있는 고급식당이다. 고즈넉하고 아름다운 까따 비치를 한눈에 바라다볼 수 있는 곳에 자리 잡은 맘 트리스 키친은 태국 요리부터 퓨전 요리까지 다양한 요리를 합리적인 가격에 경험해 볼 수 있는 곳이다.

이 식당의 소유주가 태국에서 가장 유명한 건축가인 것인 것은 어찌 보면 우연이 아니다. 주말뿐만 아니라 평일에도 다양한 라이브 공연이 펼쳐지고, 식사가 끝나면 여성 손님에게는 장미꽃 한 송이씩 주는 이벤트로 여성들의 마음을 끝까지 놓치지 않는다. 까따 근처 숙소는 무료로 픽업 서비스도 해준다.

홈페이지_ momtriphuket.com
주소_ 12 Kata Noi Rd, Kata Beach, Karon
시간_ 6시 30분~10시 30분, 11시~23시
요금_ 메인 코스 요리 1000B~, 참치 스테이크 590B, 해산물 플래터(2인) 2290B
전화_ +66-76-333-568

버팔로 스테이크하우스
Buffalo Steakhouse

까따 비치 입구에서 얼마 떨어지지 않는 곳에 있는 까따 최고의 스테이크 식당이다. 까론에서 까따 넘어오는 까따 센터 1호점과 까따 삼거리 근처 2호점이 있다. 길을 걸어가다가 소고기 냄새에 한 번쯤 가게를 쳐다보게 만드는 곳이다. 최고급의 호주산 소고기를 가지고 요리를 하기 때문에 태국에서 먹는 소고기라 질길 것이라는 편견을 단숨에 깨준다.

레어, 미디움, 웰던은 우리가 평소 먹던 그대로 요리를 해주고, 스테이크를 주문 시 샐러드바를 무료로 이용할 수 있다. 스테이크뿐만 아니라 다양한 태국 요리도 있으니 메뉴 걱정은 하지 않는 게 좋다.

직원들의 무관심한 서비스는 신경 쓰지 말자. 음식에만 집중하기에도 모자라다. 14시부터 18시까지 25% 할인 행사를 해준다.

주소_ 46 Kata Rd, Tambon Karon(까따 1호점)
35/19 – 20 Patak Road Karon (까따 2호점)
시간_ 8시~23시
요금_ 바비큐 립 399B, 소고기 스테이크 595B/200g,
치킨 스테이크 299B
전화_ +66-76-333-176

깜뽕 까따 힐
Kampong Kata Hill

까따에서 까론 방향을 가는 언덕 왼쪽에 있는 고급스러운 중국풍의 건물에 있는 태국 요리 전문점이다. 입구부터 성인 키보다 큰 도자기를 비롯한 각종 유물은 이 식당이 범상치 않음을 알려준다.

레스토랑은 태국, 중국, 캄보디아, 일본 등 주요 국가의 70여 점에 이르는 유물을 보유하고 있다고 한다. 계단을 올라가면 1층에는 야외석이 있고, 2층 계단을 올라가면 고풍스럽고 각종 유물로 가득 찬 실내 식당이 있다.

방송 〈원나잇 푸드 트립〉에 나와서 한국 관광객들도 많이 찾는 곳이다. 특히 기름에 튀긴 농어 요리 위에 태국 칠리소스를 얹은 생선 요리 쁘라랍 프릭, 통째로 찐 아귀에 비법 간장 소스를 바른 뿌린 쁘라능 씨유, 버터로 구운 팬케이크에 파인애플과 시럽을 올린 파인애플 팬케이크 요리가 박명수 편에서 극찬을 받은 메뉴이다. 태국 요리뿐만 아니라 스파게티, 스테이크 등 서양 요리도 준비되어 있다. 골목 안쪽에 있어서 찾기 쉽지 않으면, 스타벅스를 찾으면 쉽게 찾을 수 있다.

홈페이지_ restaurant-52288.business.site
주소_ 4 Karon Road, Kata Beach
시간_ 13시~23시
요금_ 쁘라랍 프릭 410B, 쁘라능 씨유 380B,
랍스타 요리 2800B, 파인애플 팬케이크 130B
전화_ +66-76-330-103

다이노 파크 레스토랑
Dino Park Restaurant

다이노 파크 입구에 있는 야외 레스토랑
이다. 영화 쥐라기 공원을 연상시킬 만큼
울창한 열대 나무와 숲으로 이루어진 넓
은 야외에서 석기 시대에서나 있었을 법
한 돌 모형으로 만들어진 테이블 위에서
식사할 수 있는 곳이다.
이곳의 대표 메뉴는 의외로 스테이크다.
매콤함과 후추 향이 가득한 특제 소스와
함께 제공되는 부드러운 스테이크는 색
다른 분위기에서 먹어보도록 하자. 싱싱
한 해산물도 합리적인 가격에 제공한다.
레스토랑 입구에 커다란 공룡 모형이 있
어서 쉽게 찾을 수 있다.

홈페이지_ dinopark.com
주소_ 47 Karon Road Tambon Karon
시간_ 10시~23시
요금_ 페퍼 스테이크 690B, 나폴리 피자 250B,
         태국 요리 150B~
전화_ +66-81-273-7994

275

마마 인디고
Mama Indigo Restaurant

손님이 없다면 꽃집이라고 해도 믿을 만큼 실내 곳곳에 있는 다양한 식물들로 장식되어 있어서 보고만 있어도 편안한 느낌을 준다.

까따 야시장 가기 전에 있는 하얀색과 파란색의 단순한 외관과 입구에 있는 다양한 식물들을 보고 있으면, 이곳이 어떤 곳일까? 하는 호기심에 한 번은 들어가 보고 싶어진다. 태국 해산물 요리 및 전통 요리를 퓨전식으로 제공한다. 음식의 플레이팅은 고급식당과 비교해도 손색이 없을 정도이고, 음식 곳곳에서 요리사의 섬세함이 느껴진다. 전체적으로 맛은 깔끔, 담백하고 가격도 분위기에 비하면 합리적이다.

홈페이지_ mamaphuket.com
주소_ 90 Kata Rd, Tambon Karon
시간_ 12시~20시
요금_ 캘리포니아 롤 200B, 파인애플 볶음밥 150B,
        씨 푸드 그릴 450B, 똠얌꿍 180B
전화_ +66-63-323-1480

부온 구스토
이탈리안 레스토랑 & 피자
Buon Gusto Italian Restaurant
& Pizzeria

까따 센터 가기 전에 빨간 타일로 반짝이는 커다란 화덕이 지나가는 관광객들의 눈길을 사로잡는 이탈리안 전통 레스토랑이다. 화덕이 있는 1층 야외석과 에어컨이 나오는 실내석, 화덕 위의 계단으로 올라가면 있는 2층 테라스 석이 있다.

피자부터 스파게티, 파스타까지 다양한 메뉴가 있고, 특히 피자는 그 종류만 수십 가지도 넘는다. 한국에서 한 번도 보지 못한 피자가 더 많을 만큼 다양한 피자가 있다. 잘 숙성된 반죽과 신선한 토핑으로 전통 이탈리아 피자 맛을 볼 수 있고, 피자는 크기에 따라 가격이 달라지고, 글루텐 프리 피자도 제공한다.

홈페이지_ buongustokata.com
주소_ 100/20-21 Kata Road A A Muang Amphoe, Kata
시간_ 12시~20시
요금_ 피자 스몰 (지름28cm) 160B~, 피자 라지(지름 45cm) 600B~
전화_ +66-76-602-953

277

까따 마마
Kata mama seafood

까따 비치와 바로 맞닿은 곳에 있는 식당이어서 물놀이를 하다가 허기가 지면 바로 가서 식사하기 좋은 곳이다. 태국식 샐러드 요리인 쏨땀과 볶음면 요리인 팟타이, 해산물이 들어간 볶음밥 등 다양한 태국 요리를 맛볼 수 있다.

맛은 대체로 무난하다는 평이다. 전망 좋은 고급 레스토랑보다 저렴한 가격에 까따 비치를 바라보면서 부담 없이 식사할 수 있는 것이 큰 장점이다.

저녁 시간 때 방문하면 해지는 모습도 볼 수 있어서 관광객들이 특히 좋아하는 곳이다. 최근에는 위생에도 신경을 써서 숟가락 젓가락은 비닐 포장으로 제공한다. 바닷가 근처라 개미도 가끔 출현하니 주의하기 바란다.

주소_ 100/20-21 Kata Road A A Muang Amphoe, Kata
시간_ 7시~20시 30분
요금_ 얌 운센 150B, 새우 칠리소스 200B, 오징어 튀김 100B, 똠얌꿍 150B
전화_ +66-76-284-006

애프터 비치
After Beach

까론 뷰 포인트 가는 길에 이쯤이면 진짜 전망이 좋겠다고 생각되는 위치에 딱하니 자리 잡은 레스토랑이다. 빨강, 노랑, 녹색으로 칠한 서핑보드 간판이 있는 곳이니, 옆 가게와 헷갈리지 말기 바란다. 입구로 들어가면 실내 좌석 있고, 실내 좌석을 지나면 까따 비치가 한눈에 보이는 확 트인 전망의 야외석이 있다. 음식은 무난하고, 가격은 좋은 전망 값이 추가되어 있어서 그런지 현지 식당보다 비싼 편이다. 굳이 음식을 주문 안 해도 되니 편하게 음료나 맥주를 마시면서 전망을 즐겨보자. 다양한 서양 요리뿐만 아니라 태국 음식도 즐길 수 있다.

홈페이지_ business.site
주소_ 44 Thanon Kata, Tambon Karon, Amphoe Mueang Phuket
시간_ 9시~22시
요금_ 파인애플 볶음밥 320B, 푸팟퐁 커리 480B, 게 쏨땀 280B, 스파게티 160B
전화_ +66-84-745-9365

맘 트리스 보트 하우스
Mom Tri 'S Boathouse Restaurant

보트 하우스는 맘 트리스 빌라 로얄에서 운영하는 고급 레스토랑이다. 프랑스 요리와 태국 정통 요리를 전문으로 하고 까따 비치 바로 앞에 있어서 전망도 까따 비치에서 최고로 친다. 유명한 와인 잡지 "와인 스펙테이터"가 선정한 태국 최고의 레스토랑 중 하나답게 다양한 와인으로 유명한 곳이다.

와인을 좋아하는 사람에게는 더할 나위 없는 좋은 선택이다. 서양식부터 태국 음식까지 다양한 요리로 전 세계인의 입을 즐겁게 해주고 있다. 야외 테이블에서 식사한다면 한 편의 영화를 찍는 느낌으로 연인과의 분위기 잡기 딱 좋은 레스토랑이다. 꼭 음식이 아니어도 칵테일이나 과일주스를 시켜서 마셔도 되니 부담 갖지 말고 방문해보자. 7시 이후로는 라이브 연주도 하고, 평소에는 쿠킹 클래스도 운영하고 있다.

///

주소_ 44 Kata Rd, Tambon Karon,
Amphoe Mueang Phuket
시간_ 9시~22시
요금_ 파인애플 볶음밥 320B, 푸팟퐁 커리 480B,
게 쏨땀 280B, 스파게티 160B
전화_ +66-65-629-9699

더 선데크
The Sundeck

2019년 6월에 오픈한 까따 노이 비치 언덕에 있는 전망 좋은 고급 레스토랑이다. 하얀색의 지붕과 투명한 유리로 되어 있어, 전망을 보는 데에 최적의 조건을 갖추었다. 호텔이나 리조트가 아님에도 불구하고 이 정도로 잘 꾸며진 곳은 보기 힘들 것이다.

총 2층으로 되어 있고, 1층과 2층에 각각 바와 테이블을 갖추고 있다. 1층으로 내려가는 계단이 따로 있고, 1층에는 2층보다 다양한 테이블이 더 많다. 커피, 주스, 맥주, 와인, 칵테일과 간단한 음식을 판매하고 있다. 가격대는 전망이 좋아서 그런지 좀 있는 편이다. 근처에 주차할 공간이 마땅치 않은 게 단점이다.

주소_ 228 Pasak-Koktanod Road, Karon
시간_ 11시~22시
요금_ 브런치 세트 585B, 치즈버거 455B,
마르게리타 405B, 아메리카노 100B,
타이 티 185B
전화_ +66-64-142-5496

씨사이드 레스토랑
Seaside Restaurant

까따 노이 비치 입구에 있는 해변에 있는 휴게소와 비슷한 컨셉의 식당이다. 식당이 별로 없는 까따 노이에서 물놀이를 하다가 편하게 허기를 채울 수 있는 곳이다. 깔끔한 하얀색의 외관과 청결한 실내가 있어서 가볍게 식사를 하기에 좋은 곳이다. 피자, 샌드위치, 햄버거 등 가볍게 먹을 수 있는 음식과 팟타이, 볶음밥 등 태국 음식도 판매하고 있다. 음식은 주문하고 직접 가져와서 먹는 시스템이다.

주소_ 14 Kata Noi Rd., Karon
시간_ 10시~22시
요금_ 팟타이 150B, 화와이안 피자 250B,
　　　　샌드위치 150B, 햄버거 210B
전화_ +66-76-330-124

시암 스마일 와인 & 레스토랑
Siam Smile Wine & Restaurant

까따타니 푸켓 리조트 정문 바로 앞에 자리한 태국 해산물 요리 및 와인 전문점이다. 까따 노이에는 식당이 많지 않지만, 그중에서도 관광객에게 가장 인기가 있는 곳이다. 피자, 스파게티, 스테이크 등의 서양 요리와 볶음밥, 팟타이, 똠얌꿍 등 태국 대표 요리를 제공한다.
생각보다 좋은 와인 리스트를 보유하고 있어서 와인을 좋아하는 사람에게 추천할 만한 곳이다. 친절한 직원과 아담한 분위기로 손님 모두가 친구가 되는 곳이다. 식당이 많지 않다 보니 음식값이 조금 높은 건 이해하자. 마땅히 갈 곳이 없고, 교통비를 고려하면 그리 비싼 게 아니다.

주소_ Kata noi | 35, Kata Beach, Kata Noi Beach
시간_ 9시~23시
요금_ 푸팟퐁 커리 320B, 생선 요리 500B, 그랩 바비큐 350B
전화_ +66-81-891-9093

까따 나이트 라이프

눅디 360도 루프탑 스카이 바
(Nook-Dee 360 Degree Rooftop Sky Bar)

까론 전망대 가는 언덕 초입에 있는 눅디 리조트 부속 루프탑 바Bar다. 올라가면 탁 트인 까따 해변을 조망할 수 있고 해 질 무렵에 방문하면 푹신한 의자에 앉아서 바닷가를 보면서 잔잔하게 들려오는 파도 소리를 들을 수 있다.

로맨틱한 분위기에서 이 바Bar의 대표적인 질소 칵테일을 마셔보기 바란다. 요일별로 칵테일 1+1, 레이디 데이 등 다양한 이벤트도 하고 있어서 미리 알아보고 가면 유익하다. 좌석이 한정되어 있어서 일찍 방문하거나 예약을 하고 가는게 좋다.

홈페이지_ www.facebook.com　**주소_** 216/9 Koktanod Road | Nook Dee Boutique Resort, Kata Beach, Karon
시간_ 9시 30분~24시　**요금_** 모히토 210B, 럼 150B, 보드카 190, 새우튀김 99B, 소프트 크랩 튀김 99B
전화_ +66-76-688-888

홈페이지_ skabar-phuket.com 주소_ 186/12 Kata Beach Phuket
시간_ 9시~02시 요금_ 랍스타 1200~1500B, 쏨땀 80B, 마카로니 150B, 새우튀김 99B, 소프트 크랩 튀김 99B
전화_ +66-88-753-5823

스카 바(Ska Bar)

까따 비치 남쪽 끝에 있는 태국식 로컬 바Bar다. 바닷가에 바로 인접해 있어서 물놀이를 하다가, 맥주 한잔을 하거나 식사를 하기에 최적의 위치에 있다. 해 질 무렵에 가면 석양을 보려오는 사람들로 북적북적한다.

태국 요리, 해산물 요리, 간단한 서양요리를 하지만 맛에 대한 평가는 좋지 않다. 그래도 가격은 위치해 비해 비싸지 않아서 부담 없이 즐기기에는 좋은 곳이다. 밤이 되면 밥 말리 Bob Marley의 노래를 시작으로 우리에게 익숙한 팝송을 틀어줘서 즐겁게 하루를 마무리할 수 있다. 날씨가 좋으면 불꽃놀이 및 불 쇼도 볼 수 있다. 신용 카드는 3% 추가 비용을 지급해야 한다.

까따 엑티비티

코끼리 트레킹

태국에서 코끼리는 어디 가서나 쉽게 볼 수 있는 대표 동물이다. 예전에 숲에서 통나무를 운반했던 코끼리를 정부가 벌목을 금지하면서, 지금은 관광 트레킹에서 제일을 묵묵히 하고 있다. 코끼리를 타고 열대 나무와 식물로 우거진 아름다운 숲과 계곡을 건너보는 것도 태국 여행의 묘미가 아닐까 생각된다. 특히 어린이들이 좋아한다.

콕 창 사파리 코끼리 트레킹(Kok Chang safari Elephant trekking)
까따에서 20년 동안 코끼리 사파리 투어를 운영하는 유명한 곳이다. 11마리의 코끼리 친구들이 관광객들과 함께 코끼리 트레킹, 코끼리와 샤워하기 등에 주인공으로 참여한다.
새깨 코끼리와 놀기, 태국 요리 배우기, 코코넛 오일 만들기, 식사가 포함된 반나절 투어 프로그램도 제공한다. 주차장 근처에는 코끼리에게 먹이 줄 수 있는 장소가 있어서 꼭 투어를 신청하지 않아도 코끼리를 가까이서 보고 만져볼 수 있다.

홈페이지_ kokchangsafari.com **주소_** 287 Moo2 Tambon Karon, Amphoe Mueang Phuket
시간_ 8시 30분~17시 30분
요금_ 코끼리 트레킹(20분) 성인 1200B, 어린이(4살~11살) 700B – 9시, 11시, 14시, 16시
코끼리 목욕시키기 성인 2600B, 어린이(4살~11살) 1700B – 2번/1일
반나절 프로그램 성인 2400B, 어린이(4살~11살) 1500B – 9시, 14시 시작
전화_ +66-89-591-9413

씨뷰 코끼리 캠프(Seaview Elephant Camp)
콕 창 사파리 코끼리 트레킹에서 나이한 비치 쪽으로 언덕을 내려가다 보면 있는 코끼리 캠프이다. 코끼리 트레킹, 코끼리 목욕시키기 등 콕 창 사파리와 비슷한 프로그램을 운영한다.

홈페이지_ skylineadventure.com **주소_** Saiyuan Road | Kata, Kathu, Phuket
시간_ 8시 30분~17시
요금_ 코끼리 트레킹(30분) 성인 900B, 어린이(4살~10살) 600B
　　　 코끼리 목욕시키기 성인 2500B, 어린이(4살~10살) 2000B
전화_ +66-80-393-4388

말라이 핑크 ATV & UTV 어드벤처
(MALAIPINK ATV & UTV ADVENTURE)

푸켓에서 매일 하는 물놀이가 지겹다고 느껴진다면, 숲속을 종횡무진 돌아볼 수 있는 사륜
구동 바이크를 고려해 봐도 좋다. 조작법이 간단해서 누구나 쉽게 운전할 수 있고, 사륜구
동이라 안전하게 즐길 수 있다.
울퉁불퉁한 산길, 물이 흐르는 개울을 지날 때의 짜릿함, 포장도로를 달릴 때의 속도감을
체험해 볼 수 있다. 직접 운전할 수 있고, 운전을 잘못한다면 운전자 옆에 동승 할 수도 있
다. 운전면허증이 없어도 가능하다.

홈페이지_ business.site   **주소_** Saiyuan Road | Kata, Kathu, Phuket
시간_ 8시 30분~17시 30분
요금_

	UTV			ATV		
	30분	45분	60분	30분	45분	60분
운 전	2200(B)	2200(B)	2600(B)	1200(B)	1400(B)	1800(B)
동 승	1200(B)	1600(B)	2000(B)	800(B)	1000(B)	1200(B)

전화_ +66-81-535-8097

서퍼 하우스(Surf House Phuket - Kata Beach)

까따 비치는 비성수기 때 파도가 세서 서핑 대회를 할 정도로 파도가 좋다. 서핑을 처음 배우는 사람은 바다에 나가도 보드에 앉아만 있다가 오기 십상이다. 이럴 때 실내에서 제대로 된 교육을 받고 나가면, 더 쉽게 보드에서 일어설 수 있다. 서퍼 하우스 까따 점은 까따 버스 정류장과 해변 사이에 자리하고 있다.

빠통 지점과 비슷한 방식으로 운영하고 있다. 기본 1시간 티켓을 끊고 입장하고, 서핑을 타다 넘어지면, 다음 차례를 기다려야 한다. 대기자가 많을 때는 생각보다 오래 기다려야 될수도 있으니 되도록 사람이 안 붐비는 오전 시간에 가는 걸 추천한다.

안전을 위해 안경, 선글라스, 엑세사리는 착용을 금지하니 미리 제거하고 가는 게 좋고, 복장은 수영복이나 래시가드가 좋다. 서퍼 하우스 한쪽에 어린이들을 위한 모래 놀이터도 있으니 가족과 함께 오기에도 좋다.

홈페이지_ surfhousephuket.com **주소_** 4 Soi Pakbang, Tambon Karon
시간_ 9시 30분~24시 **요금_** 11시간 990B(11시~23시), 1시간+타월 1190B
전화_ +66-81-979-7737

까따 쇼핑

까따 워킹 스트리트 나이트 마켓(Kata Night Market)

까따 워킹 스트리트 마켓은 티셔츠, 기념품, 과일, 일상용품을 파는 곳과 먹거리 시장으로 크게 나뉜다. 먹거리 시장은 오후 2시부터 시작해서 오후 10시까지 꼬치구이, 생선구이, 쌀 국수, 팟타이 등 다양한 먹거리를 판매한다.

주류는 음식 가게에서 팔지 않고 중앙에 주류만 판매하는 곳이 따로 있다. 음식을 저렴하게 판매하는 대신 외부 술은 반입을 금지하고 있다. 기념품이나 일상용품은 생각보다 저렴하지 않으니, 미리 대략적인 가격은 알아보고 가는 게 좋다. 일단 처음 부르는 가격은 정가가 아닐 경우가 많으니, 협상을 잘해서 깎아야 한다. 대체로 공산품은 정실론 빅 씨 마트에서 구매하는 게 저렴하다.

주소_ Patak Rd, Mueang Phuket, Amphoe Mueang Phuket   시간_ 14시~21시

주소_ Kata Rd, Phuket Amphoe Mueang Phuket

케이티 플라자(KT Plaza)

까따 비치로드에 있는 돔 모형의 시장이다. 앞에는 ATM기와 코코넛 씨푸드 레스토랑이 있어서 찾아가는 데에는 큰 어려움이 없다. 푸켓 기념 티셔츠, 방수 가방, 건조된 과일, 신발 등 관광객들을 위한 제품과 물놀이용품, 일상용품을 파는 가게가 빼곡하게 들어 서 있다. 사람이 많지 않아서 한가하게 쇼핑을 하기에 좋으니, 근처에서 식사 후 가볍게 들리는 게 좋다.

더 쇼어
The Shore at Katathani

까따 노이 비치 남쪽 끝에 있는 5성급의 리조트로 신혼여행 숙소로 인기가 많은 곳이다. 단 48개의 빌라만 보유하고 있는 최고급의 리조트답게 객실은 고급스러운 원목으로 바닥을 마감했고, 객실은 더할 나위 없이 깔끔하고 잘 관리되어 있다. 수영장, 식당 등 어디 하나 빠지는 게 없다. 해변 바로 앞에 있어서 언제든지 해변을 이용할 수 있고, 바로 옆에 있는 까따타니 비치 리조트도 무료로 이용할 수 있는 장점이 있다. 해변 전망을 제공하는 더 하버 레스토랑은 조식으로 세계 각지의 다양한 요리를 제공한다.

홈페이지_ theshorephuket.com
주소_ 14 Kata Noi Road, Muang, Phuket
요금_ 풀 빌라 13906B, 씨 뷰 풀 빌라 로맨스 18400B, 2-베드룸 풀 빌라 25990B
전화_ +66-76-318-350

눅 디 부티크 리조트
Nook-Dee Boutique Resort

산 위에 자리 잡아 멀리서 내려다보이는 바다 전망이 좋고, 객실은 모던한 스타일로 깔끔하게 꾸며 놓았다. 객실에서는 안다만해의 멋진 풍경을 감상할 수 있고, 테라스가 있어서 휴식을 취하기에도 좋다. 리조트 내 루프탑 바는 360도 전망으로 관광객들에게 인기가 좋은 곳이니 머무는 동안 방문해 보기 바란다. 리조트는 언덕을 올라가야 하는 불편함이 있지만, 그만큼 시내에서 떨어져 있어서 조용히 시간을 보낼 수 있다.

까따 비치와 까따 노이 비치를 왕복하는 셔틀은 오전 9시에서 오후 5시까지 2시간 간격 운행하고 있다.

홈페이지_ nook-dee.com
주소_ Kata Beach Muang District
요금_ 수페리어 2557B, 디럭스 4550B, 디럭스 파노라마 5600B
전화_ +66-76-688-888

까따타니 푸껫 비치 리조트
Katathani Phuket Beach Resort

까따노이 비치의 대부분을 차지하는 넓은 부지 위에 세워진 5성급의 리조트이다. 까따 노이 비치 바로 앞에 있어서 약 500m 이상의 해변을 전용으로 사용할 수 있다. 리조트는 크게 해변 쪽 숙소인 타니 윙과 길 건너에 있는 부리 윙으로 나뉜다. 타니 윙 쪽 숙소에서는 해 질 무렵 수영장에서 아름다운 석양을 볼 수 있다. 리조트 앞 정원에는 야자수와 넓은 잔디가 있어 산책하기에도 좋고, 어린이 미끄럼틀을 가지고 있는 수영장뿐만 아니라 다양한 수영장이 6개나 있어서 물놀이 하는 데 전혀 부족함이 없다.

키즈 카페 등 어린이들을 위한 시설도 다양하게 갖추고 있어서 가족 여행객들에게도 인기가 많다. 퇴실 후에도 샤워 시설을 이용할 수 있는 서비스도 제공하고 있다.

홈페이지_ katathani.com
주소_ 14 Kata Noi Road, Karon, Muang, Phuket
요금_ 베이직 4421B, 디럭스 5330B,
      그랜드 디럭스 6492B
전화_ +66-76-318-350

센트라 까따 리조트
Centara Kata Resort Phuket

빠통에서 15분 정도 떨어진 까따 해변 중앙에 있는 4성급의 리조트이다. 158개의 객실과 3개의 수영장이 있다.

태국 전통 모양의 외관과 현대적인 실내 디자인이 조화를 이뤄 태국에 휴가를 왔다는 사실을 충분히 느끼게 해준다. 객실은 일반 객실과 간단한 주방 시설이 있는 패밀리 룸으로 구분된다.

수영장에는 슬라이드, 선베드 등 다양한 편의 시설을 갖추었고, 투어 데스크에는 다이빙 투어, 스노클링 등 다양한 투어를 예약을 해주고 있다. 까따 비치 중앙에 있어서 근처에 식당, 마사지 가게, 편의점을 쉽게 접근할 수 있다.

홈페이지_ centarahotelsresorts.com
주소_ 54 Ked Kwan Road, Kata Beach,
　　　Amphur Muang, Tambon Karon
요금_ 디럭스 1318B, 디럭스 패밀리 6492B
전화_ +66-76-370-300

비욘드 리조트
Beyond Resort

비욘드 리조트의 최대 장점은 뭐니 뭐니 해도 까따 비치와의 접근성이다. 비치와 바로 접해있어서 언제나 편하게 수영장에서 바로 해변으로 가서 물놀이를 할 수 있다. 까따 삼거리에 바로 앞에 있어서 주위의 유명한 식당, 마사지 가게 도보로 이동할 수 있다.

객실은 조금 오래됐지만, 잘 관리를 해서 불편함 없이 머무를 수 있고, 조식은 다양하지는 않지만, 정갈하고 맛도 있어서 인기가 좋다. 리조트 내에 있는 칸다 스파에는 타이 마사지, 바디 스크럽, 아로마 테라피등 다양한 서비스로 숙박객들에게 인기가 많다.

홈페이지_ beyondresortkata.com
주소_ 1 Pakbang Road Tambon Karon
요금_ 디럭스 1318B, 디럭스 패밀리 6492B
전화_ +66-76-360-300

PHUKET

맘 트리스 빌라 로얄
Mom Tri's Villa Royal

까따 노이 비치에 있는 맘 트리스 빌라 로얄은 태국의 왕실이 별장으로 사용하였던 리조트다. 그래서 그런지 장식 하나 하나가 왕실의 기품이 느껴지는 것 같기도 하다.
과연 이런 곳에 숙소를 만들 수 있을까? 하는 의문도 왕족의 별장이었다면 충분히 수긍이 간다. 안다만해와 하얀 모래 해변인 까따노이가 내려다보이는 곳에 절벽 위에 있다. 유명한 예술가이자 건축가인 맘 루앙 트리도 시어스의 작품이다.

42개의 독립된 빌라는 완벽한 사생활을 보호해주고, 객실은 태국 전통 스타일로 되어 있어 아늑하고 청결하다. 조식은 고급 레스토랑 못지않고, 해변이 바라다보이는 곳에서 식사할 수 있다. 해 질 녘 메인 풀에서 보는 까따노이 비치는 아름답기 그지없다.

홈페이지_ villaroyalephuket.com
주소_ 12 Kata Noi Road, Kata Noi Beach
요금_ 로열 윙 스위트룸 4259B,
　　　비치 윙 스위트룸 8050B,
　　　팬트 하우스 스위트룸 9800B
전화_ +66-76-333-569

RENT

까따 블루 씨 리조트
Kata Blue Sea Resort

까따 야시장 근처에 있는 3성급의 리조트
이다. 비치에 가려면 10분 정도 걸어야 하
지만, 주위에 시장, 마트, 편의점, 식당이
있어서 장기간 머무르기에 좋은 곳이다.
28개의 객실은 오래됐지만, 관리를 잘해
서 나름 지낼만하다. 1층에 있는 수영장
은 작지만 깨끗해서 물놀이 하기에 충분

하다. 좋은 위치와 합리적인 가격 때문에
장기 투숙자가 많은 곳 중의 하나이다. 조
식은 다양하지는 않지만 간단하게 배를
채우기에 충분하다.

홈페이지_ katablueseasresort.com
주소_ 198/123 The beach center project,
Kata Rd., Kata
요금_ 수페리어 801B, 디럭스 더블 883B,
스위트룸 1251B
전화_ +66-76-330-902

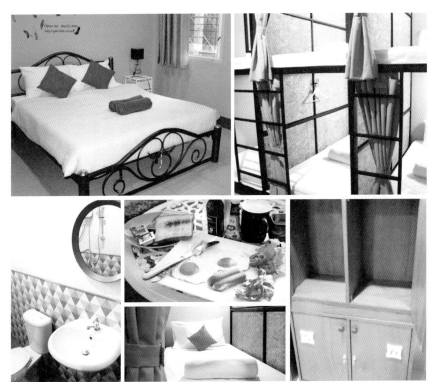

RENT

슬리피 스테이션
Sleepy Station

까따 비치 중앙에 있어 해변에 가기에도 좋고, 시장이나 음식점에 걸어서 가기에도 좋은 곳이다.
도미토리의 침대마다 사방을 가릴 수 있는 커튼과 독서 조명등, 콘센트가 있어서 편리하고, 개인사물함이 방에 있어서 귀중품을 보관할 수 있다. 잠금장치가 있어서 자물쇠는 준비할 필요가 없다.

공용 주방에는 냉장고, 토스터, 전자레인지가 비치되어 있어서 간단한 식사를 하기에 좋고, 세탁기도 50B만 내면 사용할 수 있다. 배낭여행자에게 인기가 많은 곳이라 외국 친구들을 사귀기에도 좋은 곳이다.

홈페이지_ sleepystationhostel.com
주소_ 27, 11 Kade Kwan Rd, Tambon Karon, Mueng, Chang Wat Phuket
요금_ 6베드 도미토리 162B, 8베드 도미토리 170B, 스탠다드 더블 500B
전화_ +66-64-284-7558

Nai Harn & Rawai

나이한 & 라와이

Nai Harn & Rawai

나이한 & 라와이

푸켓Phuket 남부에는 우리나라 사람들에게는 아직 잘 알려지지 않은 아름다운 해변들이 곳곳에 숨어 있다. 교통편이 불편한 만큼 많은 관광객이 찾지 않아서, 아직도 자연 그대로의 해변을 즐길 수 있다.

남부의 대표적인 해변인 나이한 비치Nai Harn Beach, 원시적인 느낌을 들게 하는 야누이 비치Yanui Beach, 꼭꼭 숨겨진 보석이라 불리는 아오쎈 비치Ao Sane Beach, 지금은 선착장으로 사용하는 라와이 비치Rawai beach가 당신을 기다리고 있다. 이제 그 숨겨진 보석들을 하나하나를 탐험하러 가보자.

나이한 비치
Nai Harn Beach

빠통에서 차량으로 20분 정도 거리의 푸켓Phuket 서남단에 자리하고 있는 나이한 비치Nai Harn Beach는, 조용하고 한적해서 휴식하기에 좋은 해변이다. 투명하고 맑은 바다와 한적한 해변은 외국 관광객뿐만 아니라 태국 현지 관광객들에게도 인기가 많은 곳이다. 해변 입구에는 꽤 큰 인공 담수호 공원도 있어서 여행객들이 산책하거나 운동을 하기에 좋다.

울창한 산, 아름다운 바다. 조용한 호수를 한꺼번에 경험할 수 있는 푸켓 최고의 비치다.

라와이 비치
Rawai beach

해변으로 물놀이를 하러 오는 경우는 거의 없고, 라와이^{Rawai} 피쉬 마켓이라 불리는 수산시장으로 갓 잡은 살아있는 해산물을 사러 오거나, 바로 앞 식당에서 해산물을 먹으러 방문하는 사람들로 항상 북적이는 곳이다. 푸켓에서 가장 해산물을 저렴하게 먹을 수 있는 곳으로 유명하다. 해변은 길게 늘어져 있지만, 물놀이보다는 고기 잡는 배나 인근 섬으로 관광객들을 실어다 주는 보트의 선착장으로 사용하고 있다.

해변 한쪽에 노점 식당들이 있어서, 나무 그늘에서 시원한 바닷바람을 맞으면 식사를 하기에도 좋다.

아오쎈 비치
Ao Sane Beach

아오쎈 비치^{Ao Sane Beach}는 나이한 비치 Nai Harn Beach에서 오른쪽으로 산길을 5분 정도 차량으로 달려야 나오는 아주 작은 모래사장이 있는 해변이다. 차량이나 오토바이를 이용해서 가는 방법밖에 없어서 비치를 즐기는 사람은 손가락에 꼽을 정도이다. 찾아오는 사람이 많지 않아서, 바닷속에 물고기도 많아 스노클링 하기에 좋은 곳으로, 바로 앞 식당에서 스노클링 장비도 대여해 준다. 바위가 많으므로 아쿠아 슈즈는 꼭 챙겨가자.

야누이 비치
Yanui Beach

이런 곳에 비치가 있는지 신경을 쓰지 않고 지나간다면, 길옆에 있는 식당들에 눈을 빼앗겨서 그냥 지나칠 수밖에 없는 곳에 있다. 울창하게 뻗어있는 나무를 지나면 나오는 해변은 아기자기하다.

투명한 바닷물에 잔잔히 파도가 치고, 하얀 백사장과 썰물 때는 건널 수 있는 작은 바위섬을 가진 해변이다. 입구 근처에서 카약도 빌려주니 바로 앞에 보이는 모섬을 탐험해보자. 일몰이 아름답기로 태국 현지인들 사이에서 유명하다.

윈드밀 뷰 포인트
Windmill Viewpoint

나이한 비치Nai Harn Beach와 야누이 비치 Yanui Beach를 한눈에 볼 수 있는 풍력 발전소가 있는 언덕이다. 바로 앞 절벽에서 평소에도 바람이 강하게 붙어온다. 그래서 이곳은 패러글라이딩하는 사람들에게 인기가 많다. 바로 앞 절벽이 있어서 패러글라이딩을 금지하지만, 외국 글라이더들은 아랑곳하지 않고 바람이 좋은 날에는 패러글라이딩에 몸을 싣는다. 프롬텝 케이프보다 덜 복잡하여 석양을 보러 오는 관광객들이 많이 찾는 곳이다. 야누이 비치에서 걸어서 10분 정도 걸리니 야누이 비치를 방문했다면 시간을 맞춰 방문해 보기 바란다.

프롬텝 케이프
Promthep Cape

푸켓 최남단에 있는 프롬템 케이프는 일몰이 푸켓에서 가장 아름다운 곳이다. 이곳 지형이 바다에서 뚝 튀어나온 모양의 돌출 지형이라 곶^{Cape}이라고 불린다.

위치가 높고, 주변에 시야를 가리는 섬들이 없어서 일몰을 보기에는 최고의 장소이다.

언제 가든지 딱 트인 전망과 시원한 바닷바람을 맞을 수 있지만, 특히 일몰 때는 가장 아름다운 광경을 볼 수 있는 곳이다. 노을을 보러 오는 사람들로 넓은 주차장이 가득 찰 만큼 관광객과 현지인에게도 인기가 많다.

빅 붓다
Big Buda

2005년부터 사람들의 기부금으로 받아 건설하기 시작한 태국명 'Phra Phutta Ming Mongkol Akenakakiri '이고 뜻은 "나가 언덕Nakkerd Hill의 언덕 위에 영광스럽게 영광스러운 부처"라는 뜻이다.

불상 높이 45m, 불상의 받침대만 해도 지름이 25m에 이르는 엄청난 크기의 불상으로 태국 최대의 불상이라고 한다. 찰롱 베이를 바라다보는 불상은 몸 전체에 하얀 대리석을 아름답게 입혀 햇빛을 받아 밝게 빛나는 형상으로, 푸켓 남부 어디에서나 볼 수 있다. 사원에 올라가면 푸켓 남부를 한눈에 내려다볼 수 있고, 화창한 날에 가면 멀리 푸켓 타운까지 볼 수 있다.

태국 불교 사원이니만큼 수영복, 미니스커트, 짧은 바지는 삼가야 한다. 관광센터에서 무료로 빌려주는 옷을 걸쳐야 한다. 사원까지 올라가는 길이 험하고 경사가 있어서 운전을 조심해야 한다. 아이들과 같이 간다면 올라가 길에 있는 코끼리 먹이 주기 체험을 해보기 바란다. 어린이들이 좋아한다.

왓 찰롱
Wat Chalong

왓 찰롱Wat Chalong은 푸켓에서 가장 크고, 존경받는 불교 사원이다. '왓Wat'은 사원을, '찰롱Chalong'은 지명으로 '찰롱 지역에 있는 사원'이라는 뜻을 지니고 있다. 1876년에 주석 광산의 중국인 노동자들의 반란 때 찰롱 주민들의 피해가 컸는데 이때 부상자들을 치료하고 도와준 루앙 포 참 스님뿐만 아니라 후에 절을 세운 루앙 포 글로엄, 루앙 포 차웅 세 분의 스님을 기리기 위한 사원이다.

스님들에 대한 절대적인 신뢰와 믿음은 아직 푸켓 사람들 문화 곳곳에 남아 있다. 이런 연유로 푸켓 사람들은 행운을 가져다준다는 스님들의 얼굴이 조각된 목걸이를 항상 하고 다닌다.

생전 모습과 비슷하게 밀랍으로 만들어진 세 스님의 동상 앞에서 절을 하고 기원하는 푸켓 현지인들을 볼 수 있고, 경내에서 가장 높은 건물인 대탑에는 부처님의 사리를 보관하고 있다고 한다. 사원 벽과 천장에는 부처님의 벽화로 장식해 놓았다.

스님들이 생활하는 공간과 같은 일부 장소는 관광객들의 출입이나 사진 촬영이 금지돼 있다.

태국 사람들은 시끄러운 폭죽 소리가 악운을 쫓아낸다고 믿기 때문에 사원에서 가끔 큰 소리로 폭죽을 터뜨리기도 한다.

> **복장 및 주의 사항**
> 1. 신발은 사원 내에서 허용되지 않으니, 입구에 벗어둬야 한다. 신발을 벗고 모자를 벗어야 한다.
> 2. 여성은 자신의 어깨를 커버하고 자신의 무릎을 아래로 긴 바지 또는 치마를 착용해야 한다.
> 3. 사원에서는 조용하게 얘기하고, 동상이나, 불교 유물은 만지지 않는다.

시간_ 7시~17시

푸켓 아쿠아리움
Phuket Aquarium

푸켓 타운에서 30분 정도 떨어진 판와 케이프^{Panwa Cape} 끝에 있는 푸켓 바다 생태계의 보고인 푸켓 아쿠아리움은 푸켓주에서 직접 운영하고 있다.
한국에서 볼 수 없는 다양한 열대 물고기 150여 종과 형형색색의 산호가 수족관을 가득 채우고 있다.

가장 인상에 남는 것은 한국에서 흔히 볼 수 없는 자이언트 그루퍼다. 입장료도 저렴해서 어린이를 동반한 가족이라면 가 볼 만한 곳이다.

홈페이지_ phuketaquarium.org
주소_ 51 Moo 8 Sakdidet Rd, Amphoe Mueang, Phuket
시간_ 8시 30분~16시 30분
요금_ 성인 180B, 어린이 100B

푸켓 동물원
Phuket Zoo

다양한 동물들의 재미있는 쇼도 보고, 만지고, 먹이도 줄 수 있는 곳이다. 축구공을 가지고 놀거나, 음악에 맞춰 춤을 추는 코끼리 쇼, 크게 벌린 악어 입속으로 머리를 넣는 장면을 볼 수 있는 악어 쇼, 자전거 타기, 팔 굽혀 펴기, 윗몸 일으키기를 하는 원숭이 쇼가 남녀노소 모두에게 큰 즐거움을 준다. 어린이들과 함께한 여행이라면 한 번쯤 방문해 보는 것이 좋지만, 최근에 입장료를 너무 올려서 가족이 방문한다면 상당한 지출을 각오해야 한다.

주소_ 23 Soi Pa Lai 2, Tambon Chalong, Amphoe Mueang Phuket
시간_ 8시 30분~17시 30분
　　　원숭이 쇼_ 9시, 12시, 14시 30분, 16시 45분
　　　악어 쇼_ 9시 45분, 12시 45분, 15시 15분, 17시 30분
　　　코끼리 쇼_ 10시 30분, 13시 30분, 16시
요금_ 성인 1500B, 어린이 1200B

PHUKET

EATING

락 솔트
Rock Salt Restaurant

나이한 비치에서 오른쪽에 있는 더 나이한 푸켓 리조트의 부속 레스토랑이다. 해변에서 햇빛을 피해 그늘에서 시원하게 해변을 즐기기엔 최적의 장소다.
나이한 비치뿐만 아니라 멀리 프롬텝 케이프까지 바라다보이는 전망으로 푸켓 남부의 최고의 레스토랑으로 손꼽힌다. 칵테일, 주스 등 음료수와 해산물 요리와

서양 요리를 판매하고 있다. 해 질 무렵 방문한다면 은은한 조명, 잔잔한 파도 소리, 바람에 실려오는 음악 등 로맨틱한 분위기를 만끽할 수 있을 것이다.

홈페이지_ m.facebook.com
주소_ 23/3 Moo 1, Vises Road, Tambon Rawai, Amphoe Mueang Phuket
시간_ 6시~22시
요금_ 양고기구이 495B, 쏨땀 360B, 피자 475B, 새우 팟타이 715B
전화_ +66-76-380-200

Fresh Coffee and Bakery · Daily 7:30-10:00 am

ROCK SALT

나이한 비치 씨푸드 가게들
Nai Harn Beach Sea Food Shop

나이한 비치에는 양쪽으로 펼쳐져 있는 해변 식당들이 있다. 간단한 음료부터 랍스타 요리가지 다양한 요리를 판매하고 있어서, 해변에서 물놀이를 하다가, 허기가 질 때 부담 없이 가기에 좋은 곳이다. 메뉴나 맛은 비슷비슷하니 가까운 곳으로 들어가면 된다.

시간_ 9시~20시
요금_ 쏨땀 60B, 샌드위치 180B, 팟타이 150B

라와이 씨푸드 거리
Rawai Sea Food Street

푸켓에서 해산물을 가장 싸고, 푸짐하게 먹을 수 있는 곳으로 유명한 곳이다. 라와이 비치 선착장을 보고 왼쪽으로 50m 정도 가면, 막 잡은 싱싱한 조개, 팔뚝보다 큰 랍스타, 살아있는 생선들을 팔고 있는 해산물 가게와 반대쪽에는 해산물 식당들이 줄지어 있다.

식당 입구마다 커다란 수족관에 살아있는 해산물을 진열해 놓고 있다. 해산물을 고르고, 무게를 달고, 가격을 흥정하면 조리가 시작된다. 해산물을 나르는 차량, 가격을 흥정하려는 사람들로 항상 활기에 차 있다. 최대한 깎아서 맛있는 해산물 요리를 즐겨보자.

주소_ 라와이 선착장 주변

랍스타 씨 푸드 마켓 레스토랑
Lobster SeaFood Maket Restaurant

라와이 비치 중간에 있는 꽤 큰 규모의 해산물 전문 식당이다. 넓은 실내공간과 실외 공간이 있어 단체 여행객들에게 아주 좋은 곳이다.

랍스타부터 다양한 조개류까지 바로 잡아 싱싱한 살아있는 해산물을 합리적인 가격에 먹을 수 있다. 해산물을 직접 고르고 조리 방법을 말하면 바로 요리를 해준다.

주소_ 44/1 Rawai Beach, Viset Rd, Rawai,
　　　　Phuket 81300, Thailand
시간_ 9시 30분 ~ 23시 30분
요금_ 파인애플 해산물 볶음밥 230B,
　　　　버터 새우구이 240B, 생선 요리 420B

라와이 비치 노천 식당
Rawai Beach the open Restaurant

라와이 비치 해변을 따라 다양한 식당들
이 영업하고 있다. 맞은편 식당들이 해변
에 있는 테이블을 사용하거나 간이 테이
블을 설치하여 운영하는 곳이다. 비치 바
로 앞이라 식당에서보다 경치가 좋아서,

간단히 음료를 마시거나, 식사하는 사람
들을 볼 수 있다.
낮에는 야자수 나무가 그늘을 만들어 주
어서 편하게 식사를 할 수 있고, 밤이 되
면 사람들로 북적이는 분위기를 즐기러
오는 많은 관광객을 볼 수 있다.

주소_ 라와이 해변
요금_ 돼지고기 무침 180B, 꽃게 쏨땀 220B,
오징어무침 220B

니키타스 비치 레스토랑
Nikitas Beach Restaurant

라와이 선착장을 바라다보면서 식사를 할 수 있는 곳이다. 아름드리나무로 둘러싸인 식당은 실내석과 나무 그늘이 있는 실외 석으로 나눈다.
대부분 바다를 바로 볼 수 있는 실외 석에서 바다를 감상하면서 간단한 음료를 마시거나 식사를 한다. 친절한 직원들의 서비스도 인상적이다. 밤이 되면 더욱 아늑한 분위기로 꾸준히 찾아오는 단골이 많은 식당이다. 외국인들에게는 피자 맛집으로 인기가 많은 곳이기도 하다.

주소_ 44/1 Rawai Beach, Viset Rd, Rawai, Phuket 81300, Thailand
시간_ 9시 30분 ~ 23시 30분
요금_ 스파게티 250B, 랍스타 해산물 구이 2800B, 홍합찜 240B
전화_ +66-76-288-703

SLEEPING

더 나이한
The Shore at Katathani

나이한 비치가 바라다보이는 작은 언덕에 있는 120개의 객실을 보유한 5성급의 호텔이다. 객실은 산을 바라볼 수 있는 마운틴 뷰 룸, 나이한 비치를 눈앞에서 볼 수 있는 오션뷰가 있다.

나이한 비치 바로 앞에 있어서 물놀이 하러 가기에도 편하고, 무엇보다 숙소 주위가 바다, 산 빼고는 편의시설을 찾기 힘들어서 조용히 자연을 즐기러 오는 관광객들에게 최고의 선택이다. 특히 테라스 침대에서 보이는 아름다운 바다 풍경과 파란 하늘은 더할 나위 없이 좋다.

세련된 시설과 편안하고, 안락한 침구, 맛있는 조식, 친절한 직원들은 이 숙소의 가치를 더욱더 높여준다. 호텔에서 무료 파라솔과 비치 세트를 대여해 준다. 빠통 시내까지는 교통비가 한화로 5만 원 정도 나온다고 하니, 부속 식당에서 맛있는 것을 사 먹는 게 좋은 것 같다.

주소_ 23/3 Viset Road Rawai Muang Chang Wat, Phuket
요금_ 마운틴 뷰 4230B, 디럭스 오션 뷰 4479B, 오션 뷰 스위트룸 7189B
전화_ +66-76-380-200

더 비짓 리조트 푸껫
The Vijitt Resort Phuket

라와이 비치에 한적하게 자리 잡은 전용 해변을 가지고 있는 풀 빌라 리조트이다. 단독으로 사용하는 빌라로 조용하게 지내고 싶은 관광객들에게 인기가 많은 곳 중의 하나이다.
아무 데도 안 가고, 빌라에서 푹 쉬고 싶은 여행자에게 안성맞춤이다. 리조트 안에서 타고 다닐 수 있도록 자전거도 대여해 주고, 어린이 놀이터도 있어서 아이들과 함께 오기에도 좋은 곳이다.
리조트 안에서 머물 수 있도록 다양한 프로그램도 운영하고 있다. 푸껫 지역 왕복하는 셔틀도 운영하고 있다.

홈페이지_ vijittresort.com
주소_ 16 Wiset Rd, Rawai Muang Chang Wat Phuket
요금_ 베이직 3386B, 디럭스 빌라 5200B,
　　　　프라임 풀 빌라 10500B
전화_ +66-76-363-600

Phuket Town

푸켓 타운

Phuket Town
푸 켓 타 운

빠통에 머물다가 푸켓 타운Phuket Town으로 넘어가면 너무나 다른 모습에 당황하지 않을 수가 없다. 내가 알고 있는 푸켓Phuket은 어디 가나 해변이 있고, 항상 외국 관광객들로 북적거리고, 밤에는 휘황찬란한 조명 아래서 음주 가무를 즐기려는 사람들로 북적거려야 하는데, 이곳 푸켓 타운Phuket Town은 너무 조용하니 말이다.
관광객들의 복장도 너무 말끔하고, 저녁에 나가서 바bar나 식당을 찾아가기도 생각만큼 쉽지가 않다.

이런 푸켓 타운Phuket Town의 문화는 19세기 말 푸켓 주석광산 개발로 이주해온 중국인들의 문화와 포르투칼 문화가 혼합되어 어디에서도 볼 수 없는 독특하고 이국적인 푸켓만의 문화의 영향이 크다. 주석 광산들이 하나둘씩 문을 닫았지만, 이주해온 중국인들은 돌아가지 않고 현재까지 대를 이어서 그들의 생활 방식으로 살아가고 있다.
포르투갈과 중국의 영향을 받은 시노 - 포르투갈 양식의 건물들과 중국인 후손들을 보고 있으면, 과거로 시간 여행을 온 듯한 착각이 들기도 한다.
푸켓 현지인들의 소소한 일상을 볼 수 있는 곳이니, 시간이 허락된다면 하루 정도는 머물면서 과거의 분위기에 흠뻑 취해보자.

관공서

버스터미널

Anuben Phuket School

푸켓 트릭아이 박물관

찌라욧

해산물 요리 전문식당

썸찌

매써 농산물 시장

로빈슨 백화점

레몬 그라스

쿤지드 라나요드팍

림벗헛

온온호텔

리야 레스토랑

루캄키오

비밥

수웨이

구스 자무셔

카에우 카이 카

실바토레

라농 싸끔

딤섬 전문 레스토랑

딤미차

쎙태우 정류장

라농시장

주유소

벽록 시장

블루 엘리펀트

대청금

Khao Rng
View Mansion

Chokchai
Dim Sum

할랄 음식 전문점

Carambola cafe

베트남 음식점

올드 타운
Old Town

푸켓 타운Phuket Town은 크게 현지인들이 거주하는 지역과 옛 건축 양식의 건물이 남아있어서 관광객들이 주로 방문하는 올드 타운Old Town으로 구분된다. 현재 올드 타운Old Town은 관광객들을 상대로 하는 음식점, 기념품 가게, 카페, 여행사가 자리를 차지하고 있다.

건물은 포르투갈과 중국의 영향을 받은 시노 -포르투갈 양식으로 태국에서도 보기 힘든 고풍스러운 건물 양식이다. 골목 구석구석을 거닐면서 과거 푸켓 사람들의 생활을 들여다보자.

라농 시장
Ranong Market

푸켓 타운Phuket Town에서 푸켓 각 비치로 출발하는 썽태우 정류장 근처에 있는, 푸켓에서 가장 큰 시장이다. 과일, 육류, 생선, 채소와 각종 생활용품을 저렴한 가격에 살 수 있는 곳이다. 관광객이야 기껏 과일이나 간단한 기념품을 사는 게 전부지만, 푸켓에 있는 호텔, 레스토랑 등으로 식자재를 공급하는 중요한 역할을 하는 시장이다.

분위기는 흡사 우리나라 가락시장과 같고, 새벽 2시에 문을 열어 오전에 문을 닫으니 시간을 잘 맞추고 가야 볼 수 있다. 현재는 빅 씨, 로터스등에 의해 영향력이 많이 줄었지만, 아직도 푸켓 최대의 시장이라는 것은 변함없는 사실이다.

카오랑 뷰 포인트
Khao Rang View Point

푸켓 타운에서 북서쪽의 야트막한 산에 있는 카오랑은 푸켓 시내뿐만 아니라 멀리 안다만해를 한눈에 내려다볼 수 있다. '카오'는 산, '랑'은 뒤라는 뜻으로 '푸켓의 뒷산'이란 의미가 있다. 현지인들에 데이트 코스로도 인기가 있어서, 나무 그네에서 다정하게 데이트를 즐기는 연인들을 쉽게 볼 수 있다. 근처에는 유명한 카페와 레스토랑도 있다. 공원에는 원숭이들도 살고 있는데 위생적으로 안 좋고, 포악하니 근처에 가지 않는 게 좋다. 시내에서 오토바이 택시(랍짱), 택시로 10분 정도 걸린다. 내려올 때는 천천히 걸어 내려와도 된다.

주소_ 145/5 Thanon Patiphat, Tambon Wichit, Amphoe Mueang Phuket

빠셋 농산물 시장
Talad Kaset Market

우리나라 재래시장과 비슷한 분위기의 시장이다. 로빈슨 백화점 바로 옆에 있어서 찾아가기 쉽고, 싱싱한 해산물 및 육류, 채소를 저렴하게 판매하여 현지인들로 항상 북적이는 곳이다. 생선이나 육류를 팔아서 그런지 재래시장 특유의 냄새가 코를 찌르는 건 어쩔 수 없다. 근처에 있는 야시장은 현지 음식을 저렴한 가격에 먹을 수 있어서 현지인들에게 인기가 좋다.

로빈슨 백화점을 들렀다가 현지인 시장이 궁금하다면 한 번쯤은 가 볼 만하다.

주소_ Thavornwogwong Road, Tambon Talat Yai, Amphoe Mueang Phuket

푸켓 트릭 아이 박물관
Phuket Trickeye Museum

2014년에 기존 극장을 사용하던 건물을 리모델링하여 트릭아트 박물관으로 개장하였다.
푸켓 트릭아이는 눈속임 그림을 뜻하는 프랑스어 트롱프뢰유Trompe-l'oeil'의 영어식 표현이다.
2차원의 평면 그림을 3차원의 입체로 착각하게 하는 그림으로, 우리가 익히 알고 있는 모나리자, 천지 장조부터 절벽, 지진 등 다양한 일상생활 모습을 관람객이 주인공으로 참여할 수 있다.
사진으로 찍어 놓으면 재미있는 모습에 한참을 웃게 만든다. 이곳 트릭 아이 박물관 벽화에 참여한 사람이 한국인이라고 한다. 그래서 익숙한 장면이나, 한글이 자주 등장한다. 더운 낮에 아이들을 데리고 가기 좋은 곳이다.

홈페이지_ phukettrickeyemuseum.com
요금_ 성인 500B, 어린이 300B
시간_ 10시~19시

다른 지역으로 가기위해 표를 구매하는 현지인

스님들의 얼굴이 새겨진 목걸이를 팔고 있다.

두리안을 두꺼운 장갑을 끼고 자르고 있다.

한가한 푸켓 타운

푸켓 타운의 벽화

라농 시장 근처에 있는 벽화밑으로 현지인이 지나가고 있다.

올드 타운에서 사진 찍는 장소로 인기가 많은 장소

쏨찟 국수집 근처 폐 건물에 그려진 벽화

할머니와 버스를 기다리는 손녀

중국인 사원에 있는 재미난 벽화

전 국왕의 사진 앞에서 추억을 만드는 현지인 가족들

커다란 새가 건물 한쪽 전면을 차지하고 있다.　허름한 주택과 절묘하게 어울린다.

폭죽 소리에 귀를 막고 있는 아이

허름한 옛 주택벽에 그려진 옛날 푸켓

쏨찟 누들
Somchit Noodle

시계탑을 로터리를 지나면 간판에 크게 "쏨찟 국수"라고 한글로 쓰여 있어서 찾아가는 데 어려움은 없다. 한국 관광객들에게 얼마나 유명하면 푸켓 길거리 식당에서 한글로 된 간판을 볼 수 있을까? 이곳이 바로 푸켓 타운에서 바미 국수로 유명한 식당이다. 밀가루에 달걀노른자를 풀어 만든 바미 국수는 노란 색깔과, 졸깃한 식감 특징이다. 메뉴는 해산물을 우려내서 담백한 육수를 넣어 만든 국물 국수인 "바미남", 빨간 양념장을 완탕, 새우, 땅콩 가루어 섞어 비벼 먹는 비빔 국수인 바미행이 있다. 작은 사이즈, 큰 사이즈 두 개가 있어서 아이들이 먹기에도 적당하다. 두 가지 맛이 궁금하다면 작은 사이즈를 시켜서 두 가지 다 먹어 보면 된다. 작은 사이즈는 양이 그렇게 많지는 않아서 충분히 먹을 수 있다. 대체로 한국 사람들은 비빔 국수를 더 선호한다.

주소_ 214/6 Phuket Rd, Tambon Talat Yai,
    Amphoe Mueang Phuket
시간_ 8시~17시
요금_ 작은 사이즈 60B, 큰 사이즈 70B,
    타이 밀크티 17B

탐마차
Tamachart (Natural restaurant)

한적한 골목길에 자리 잡은 독특한 인테리어로, 멀리서도 이 식당이 범상치 않음을 알 수 있다. 식당 앞 간판에는 내츄럴 Natural이라고 쓰여 있어서 이 식당이 맞나 하는 의문이 들지만, '탐마차'가 태국어로 "Natural"이라고 하니 의심하지 말고 들어가 보기 바란다. 식당 안은 나무로 만든 인테리어와 분수, 골동품으로 특색있게 꾸며져 있어 눈길을 사로잡는다.
3층까지 있는데, 층마다 다른 스타일로

꾸며 놓아서 구경하는 재미도 있는 곳이다. 이곳은 MSG를 사용하지 않는 태국음식을, 저렴한 가격에 다양하게 먹을 수 있는 곳으로 현지인에게도 인기가 많은 곳이다. 음식을 기다리면서 실내 곳곳을 구경해보자. 식사시간에 가면 한참을 기다려야 하니 식사시간 전후로 방문하는 게 좋다.

홈페이지_ naturalrestaurantphuket.com
주소_ 62/5 Phuthon, Bangkok Rd, Tambon Talat Nuea, Amphoe Mueang Phuket
시간_ 10시 30분~23시
요금_ 똠얌꿍 150B, 모닝 글로리 80B, 조개요리 180B, 쏨땀 150B, 팟타이 150B
전화_ +66-76-214-037

쿤지드 라나요드팍
Khun Jeed Yod Pak Restaurant

관광객들보단 현지인들에게 인기 있는 태국 음식 전문점이다. 시계탑에서 쭉 직진하면 노란색의 2층 건물이 보인다. 항상 사람들이 포장하거나, 대기하고 있어서 바로 알아볼 수 있다. 식당 홀은 주방을 지나 해서 들어가야 한다. 생각보다 넓은 공간에 에어컨이 시원하게 나와서 쾌적하게 식사를 하기에 좋다. 영어나 한국어로 된 메뉴판은 찾을 수가 없으니 벽에 있는 메뉴판을 보고 손가락으로 가리키면 알아서 가져다준다. 매콤 새콤한 바미 국수, 돼지고기가 들어간 태국식 울면, 넓은 면으로 만든 볶음국수, 숯 향 가득한 인도네시아 전통 꼬치구이인 사테가 대표 메뉴이다. 관광객 대우는 받을 수 없으나, 맛있는 음식으로 만족하자.

주소_ 31 Phangnga Rd, Tambon Talat Yai,
　　　 Amphoe Mueang Phuket
시간_ 9시 30분~20시 15분(수요일 휴무)
요금_ 바미 국수 작은 것 45B, 큰 것 50B, 밀크티 20B
전화_ +66-99-415-5495

블루 엘러펀트
Blue Elephant Restaurant & Cooking school

105년 전에 지어진 과거 푸켓 주지사의 관저로 사용되던 저택을 1993년에 리모델링을 하여서 태국 전통 요리 전문 레스토랑으로 오픈하였다. 푸켓에서 가장 고급스러운 레스토랑으로 알려진 곳이다.
블루 엘러펀트라는 이름으로 전 세계 12개의 도시에 지점이 있을 정도로 국제적으로 인정받는 레스토랑의 푸켓 지점이다. 음식 가격은 현지 레스토랑에 비해 비싸지만, 맛과 서비스에서 격이 다르다. 입구부터 넓은 잔디정원과 아름드리나무가 고급 저택으로 초대받아 들어가는 듯한 착각을 하게 한다.
자체 쿠킹 클래스도 관광객들에게 인기가 많다. 복장 규정은 정장이지만, 깔끔하게 간다면 문제는 없다. 그래도 복장에 어느 정도 신경을 써야 한다. 식사 이외에 칵테일, 위스키, 맥주 등 음료도 가능하다.

홈페이지_ blueelephant.com
주소_ 96 Krabi, Tambon Talat Nuea, Amphoe Mueang Phuket
시간_ 9시 30분 ~ 22시 30분
요금_ 런치 코스 590B, 만사만 커리 790B, 똠얌꿍 360B
전화_ +66-76-354-355

살바토레
Salvatore's Italian Restaurant

이 가게의 오너이자 메인 쉐프인 이탈리아인 살바토레가 운영하는 이탈리안 요리 전문 레스토랑이다. 화덕에 구운 피자와 직접 뽑은 스파게티가 이 식당의 대표 메뉴이다.
40년 가까이 푸켓에서 이탈리아 식당을 운영해 왔으며, 이탈리아 음식을 제대로 맛볼 수 있는 곳으로 인기가 많은 곳이다. 소고기는 호주산, 양고기는 뉴질랜드 최고급 부위를 쓴다고 하고, 벽면 가득히 와인이 진열되어 있다. 요리는 포장도 가능하다고 한다.

//

주소_ 15 Rasada Road | Taladyai, Phuket Town
시간_ 16시~23시 (월요일 휴무)
요금_ 크림소스 파스타 420B,
크림소스 스테이크 980B, 밀크티 20B
전화_ +66-76-225-958

레몬 그라스
Lemongrass

레몬그라스 레스토랑은 라임 라이트LIME LIGHT 쇼핑몰 내부 1층에서 있어서, 찾는 데 큰 어려움은 없다.

태국 음식과 퓨전 음식을 하는 식당으로 카페와 같은 깔끔한 인테리어와 에어컨이 나오는 실내와 분수대가 보이는 야외석이 있다. 쇼핑몰 안에 있어서 식사 후 쇼핑하기에도 좋고, 세련된 분위기와 합리적인 가격으로 젊은이들에게 인기가 많은 곳이다.

주소_ Dibuk Rd, Tambon Talat Yai, Amphoe Mueang Phuket

시간_ 10시~23시

요금_ 새우, 볶음 150B, 푸팟퐁 커리 250B, 돼지고기구이 150B

전화_ +66-76-682-999

라야
Raya Restaurant

태국 전통 2층 주택을 식당으로 사용하고 있는 라야는 수준 높은 태국 음식으로 현지인이나 관광객들의 식사 장소로 손님들로 항상 북적이는 곳이다.
현지인들은 귀한 손님이 오거나, 가족 행사 때 찾는 곳이라고 한다. 우리나라의 양념갈비 맛과 비슷한 부드럽고 달짝지근한 "무흥"과 갖은 싱싱한 해산물로 요리한 똠얌꿍, 새우, 오징어를 당면과 함께 태국 소스에 버무린 얌 운센은 대표 음식이다.
옛날 그대로의 모습을 간직하기 위해 에어컨이 없다는 게 단점이다. 고수를 싫어한다면 주문할 때 빼달라고 얘기하자.

홈페이지_ phuket.com
주소_ 48/1 Dibuk Rd, Tambon Talat Yai, Amphoe Mueang Phuket
시간_ 10시~22시
요금_ 똠얌꿍 250B, 생선요리 550B, 갈릭 새우 600B
전화_ +66-76-218-155

투캅카오
Tu Kab Khao Restaurant

고급스러운 실내 분위기와 플레이팅으로 푸켓 타운에서 태국 연예인들도 많이 찾는 곳이다. 레스토랑 건물에 큰 랍스타 조형물이 있어서 길 가다가 쉽게 찾을 수 있다. 입구에 들어서면 매니저가 자리를 안내해 주고 푸켓 로컬 음식 전문점이라고 자세하게 설명을 해준다. 음식 플레이팅은 특별히 신경을 쓰는 곳

이어서 여성들에게 특히 인기가 많은 곳이기도 하다.

한국의 돼지고기 장조림인 무흥, 생새우를 마늘과 고추와 함께 태국 소스와 먹는 새우 요리 등 다양한 요리가 준비되어 있다. 양이 조금 작은 게 흠이다.

주소_ 8 Phangnga Rd, ตำบล ตลาดใหญ่ อำเภอ เมืองภูเก็ต Chang Wat Phuket 83000 태국
시간_ 11시 30분~24시
요금_ 모닝 글로리 95B, 무흥 265B, 똠얌꿍 195B
전화_ +66-76-608-888

찌라유왓
Jirayuwat

태국 푸켓에서 노란색 중국식 국수 요리인 바미 국수로 유명한 집이다. 현재는 예전 가게에서 푸켓 트릭 아이 박물관 근처로 이전을 해서 좀 더 넓고 쾌적한 환경에서 식사할 수 있다.

한쪽에는 에어컨이 나오는 실내가 따로 있으니 낮에 간다면 실내에서 식사하는 게 좋다. 국물이 나오는 바비남, 비빔 국수인 바미행이 이 식당의 대표 요리이다. 시내 관광하고 시간이 남으면 들려 보자. 한국인들이 많이 찾아서 한국어 메뉴판도 준비되어 있다. 소박한 식당이지만, 현지인들에게도 유명한 곳이다.

주소_ 128 130 Phangnga Rd, Tambon Talat Yai, Amphoe Mueang Phuket
시간_ 20시 30분~16시 30분
요금_ 바미 국수 50B~70B
전화_ +66-81-891-4336

키에우 카이 카 푸켓
kiew kai ka

2019년 4월 문을 연 키에우 카이 카는 태국 전통 요리 전문점이다. 태국에만 방콕에 2개, 치앙마이 푸켓등 4개의 지점을 갖고 있다. 방콕점은 2019년 미슐랭 가이드에서도 소개되었을 만큼 유명한 곳이다. 푸켓 타운에는 카오랑으로 가는 도로변에 있고, 하얀색의 고풍스러운 2층 저택

에 잡은 식당은 넓은 정원을 가지고 있다. 고급스럽고, 세련되게 꾸며진 1층 홀과 식물원 컨셉으로 꾸민 2층으로 나누어진다. 가족들이 식사할 수 있는 공간도 따로 있다. 주차장도 있어서 차량을 가지고 가기에도 편리하다.

주소_ 265 Yaowarat Rd, Talat Nuea, Phuket
시간_ 11시~22시
요금_ 달걀 돼지고기 찜 160B, 새우튀김 520B, 망고주스 140B
전화_ +66-076-60-9266

수웨이
Suay Restaurant

이 식당의 사장이자 메인 쉐프인 타마 삭의 어릴 적 꿈이 이뤄지는 곳이다. 2010년 푸켓 타운에 레스토랑을 오픈하면서 현지인과 관광객들에 꾸준히 사랑을 받아오고 있는 곳이다. 추천 사이트에서 항상 상위권을 유지하고 있는 게 이를 증명해 준다. 전통 태국 요리와 서양 요리를 자신만의 스타일로 만들어 내는데, 요리 하나하나가 새롭고, 특색이 있다. 나무로 둘러싸인 정원에 있는 야외석과 에어컨이 나오는 실내로 구분된다. 참치 타르타르, 연어 스테이크 등이 대표 메뉴이다. 푸켓 타운에서 분위기 있는 식사를 원한다면 꼭 추천한다.

주소_ 265 Yaowarat Rd, Talat Nuea, Phuket
시간_ 17시~23시
요금_ 모닝 글로리 95B, 코스요리 1799B/2인,
　　　맥주 180B, 커피 280B

대장금
Dae Jang Geum

2005년에 오픈한 곳으로 다양하고 정갈한 반찬과 맛깔나는 음식으로, 태국 현지인에게 더 인기가 많은 곳이다. 짜장면에서 숯불로 구운 돼지갈비까지 다양한 한국 음식을 맛볼 수 있다.
푸켓 현지에 있지만 마치 한국 유명한 맛집에 있는 듯한 기분을 들게 하는 인테리어로 장식되어 있다. 1층의 메인 홀과 2층의 칸막이가 있는 룸이 따로 있어서 단체 여행이나 가족 여행객들에게 선호가 많은 곳이다.
태국 음식에 익숙하지 않거나, 한국 음식이 그리울 때 찾아가면 정겹기 그지없다. 각종 여행 정보도 얻을 수 있으니 궁금한 게 있으면 물어보자.

주소_ 101 Bangkok Rd, ตำบล ตลาดเหนือ Amphoe Mueang Phuket
시간_ 10시~22시
요금_ 김치찌개 200B, 물냉면 200B, 갈비탕 200B, 돼지갈비 200 B
전화_ +66-76-246-350

푸켓 타운 나이트 라이프

팀버헛(Timber Hut)

벌써 생긴 지 20년이 넘은 푸켓 타운 최고의 클럽이다. 아직 그 타이틀을 넘겨줘 본 적이
없는 푸켓 젊은이들의 성지와 같은 곳이다. 워낙 유명해서 택시 기사에게 팀버 헛이라면
바로 데려다준다.
유럽의 오래된 펍을 연상시키는 외관과 1층의 라이브 무대와 바, 2층의 테이블로 구성되어
있고, 밖에서 보는 것보다 작고 아담해서 라이브 음악을 밴드의 호흡 소리도 들을 수 있을
정도이다. 평일엔 10시부터 공연을 시작하고 12시부터 2시까지가 피크 타임이다. 주말에는
실내가 꽉 차니 미리 가서 대기하는 게 좋다. 간단한 식사도 가능하다.

주소_ 118/1 Yaowarat road, Phuket Town, Phuket   **시간_** 18시~02시   **요금_** 칵테일 170B~, 맥주 120B

비밥(Bebop Live Music Bar)

푸켓에서 최고의 재즈와 블루스 음악을 들을 수 있는 장소다. 이런 장소가 있다는 것에 감사할 따름이다. 올드 타운에 있어서 접근하기 쉽다. 2층으로 올라가는 계단 밑 작은 무대에서 공연해서, 바로 앞에서 연주를 들을 수 있다.

밴드와 함께 노래를 부르거나 분위기가 달아오르면 서로 일어서서 밤새 춤을 춘다. 매일 다른 뮤지션들이 번갈아 가면서 세션을 맡는다고 하니, 매일 방문해도 색다르다. 간단한 간식과 맥주, 칵테일, 와인을 판매하고 있다. 흥겨운 음악에 몸을 맡기고 싶다면 바로 방문해보자.

주소_ 24 Takuapa Rd, Phuket Town　**시간_** 18시 30분~12시(월요일 휴무)
요금_ 와인 1400B, 맥주 150B　**전화_** +66-89-591-4611

마사지

킴스 마사지 & 스파(Kim's Massage & Spa)

푸켓타운에서 길 가다가 자주 보게 되는 마사지 가게이다. 발 마사지 의자 4개, 태국 마사지 침대 2개, 오일 마사지 침대 1개를 갖춘 작은 마사지 가게를 시작으로 해서, 지금의 킴스 마사지를 세운 창업자 '마담메 킴 Madame Kim'의 이름을 따서 킴스 마사지라고 한다.

로빈슨 백화점 1호점을 시작으로 푸켓 타운에만 7개의 지점이 있을 정도로 유명한 곳이다. 한자로 김 '金'이라고 되어 있어서 찾아가기도 쉽다. 1층에 발 마사지를 할 수 있는 공간과 2층에 오일 마사지, 허브 마사지, 스톤 마사지를 할 수 있는 공간이 따로 있다. 2시간짜리 다양한 패키지 코스도 있다.

주소_ 24 Takuapa Rd, Phuket Town **시간** 18시 30분~12시(월요일 휴무)
요금_ 패키지 코스 750B~, 타이 허브 마사지 650B, 타이 마사지 300B **전화**_ +66-76-390-677

탄티 마사지(TANTI MASSAGE)

탄티티움Tantitium 건물에 있는 마사지 가게이다. 이곳은 트랜디한 분위기의 레스토랑, 펍, 마사지를 함께 할 수 있는 곳으로 길을 걷다가 색다른 분위기에 자연스레 발길이 향하는 곳이다. 건물 외관을 보면 선뜻 들어가기가 내키지 않으나 들어가면 잘 꾸며 진 레스토랑과 야외 바를 가지고 있는 분위기 좋은 펍이 있다.
제일 안쪽으로 들어가면 마사지 가게가 나온다. 마사지 가게는 푸켓 타운에서도 저렴하기로 입소문이 난 곳이다. 마사지를 받은 후에 레스토랑에서 음식을 먹고, 옆에 야외 펍에서 분위기 있게 칵테일을 하기에 좋은 곳이다.

주소_ 82 Dibuk Rd, Tambon Talat Nuea, Amphoe Mueang Phuket　**시간_** 13시~22시
요금_ 타이 마사지 250B/1시간, 발 마사지 300B/1시간, 오일 마사지 500B/1시간　**전화_** +66-80-658-6204

푸켓 타운의 쇼핑

센트럴 푸켓(Central Phuket)

푸켓 타운 외곽의 넓은 부지에 자리 잡은 센트럴 푸켓은 백화점, 식당, 영화관이 있는 복합 쇼핑몰이다. 최근 길 건너편에 센트럴 푸드 홀 & 푸켓 플로레스타가 오픈하여 더욱 웅장한 규모를 자랑한다. 기존에 있던 센트럴 푸켓이 일반 백화점이라면 센트럴 푸드 홀 & 푸켓 플로레스타는 고급 백화점이라고 보면 된다. 두 건물은 2층에 있는 구름다리로 연결되어 있다.
센트럴 페스티벌 푸켓은 레스토랑, 의류, 스포츠용품 등을 판매하고, 센트럴 푸드 홀 & 푸켓 플로레스타 해외 유명 고급 브랜드가 입점한 1층과 지하에는 수상 시장을 연상시키는 넓은 푸드코트가 있다.

주소_ 74 75 Vichitsongkram Rd, Tambon Wichit, Amphoe Mueang Phuket
시간_ 10시 30분~22시 **전화**_ +66-76-291-111

센트럴 푸켓 층별 안내

지하(G floor)	주차장, 오피스
1층	스와로브스키, 짐 톤슨, 스타벅스, 안경원, 더 바디샵
2층	여성 의류, 속옷, 패스트 푸드, 여행사, 은행
3층	남성 의류, 스포츠용품점, 영화관, 레스토랑, 고객센터

센트럴 푸드 홀 & 푸켓 플로레스타 층별 안내

지하(G floor)	푸드 코드, 레스토랑, 카페
1층	은행, 미용, 명품 판매장, 코치, 루이뷔통, 발렌시아, 불가리, 구찌
2층	여성 의류, 속옷, 스와로브스키, 반스, 아디다스, 망고, 전자제품
3층	은행, 미용실, 생활용품, 레스토랑

Tip 이용방법

1. 무료 셔틀을 이용하자. (10인승 밴)
빠통 출발(센트럴 빠통): 11시, 12시, 13시, 14시, 15시 16시, 17시 30분, 19시
센트럴 플로레스타 신관 지하 출발(빠통 방향) : 12시, 13시, 14시, 15시 16시,
17시 30분, 19시, 20시 30분
빠통으로 오는 차량은 일찍 마감될 수 있으니, 도착하자마자 예약을 하는
게 좋다.

2. 여행자 할인 카드(Tourist Privilege Card)를 만들자
고객센터에서 여행자에게 5%~70% 할인 해주는 여행자 할인 카드를 만들
어서 쇼핑할 때 이용하자.

3. 무료 배달 서비스를 이용하자. 1500밧 이상 구매하면 쇼핑 품목을
배달해준다.
– 신청 시간 : 11시, 14시 30분, 18시 30분
– 배달 시간 : 12시~2시 30분, 15시 30분~18시 30분, 19시 30분~21시

4. 짐 보관 서비스를 이용하자.
센트럴 푸켓 주차장 입구에 있는 서비스 센터에서 2시간 무료로 짐을 맡기
길 수 있다. 짐은 2시간 무료, 그 이후 100B/24시간이다.

로빈슨(Robinson)

센트럴 푸켓이 오픈하기 전까지 푸켓 타운에서 가장 화려하고 번화한 쇼핑센터였다. 5층 규모의 꽤 큰 건물로 어디서나 눈에 들어온다. 주위에 재래시장도 있어서 항상 사람들로 북적였지만, 센트럴 푸켓, 빅 씨, 로터스 등 더 큰 마트가 생긴 이후로 손님이 줄어들었다. 시중 마트보다 저렴한 물건과 다양한 한국 식품들도 있어서 여행객들에게 사랑받는 곳이다. 5층에는 작은 푸드 코트도 있어서 쇼핑하다 간식을 먹기에도 좋다.

주소_ 36 Tilok Utis 1 Rd, Tambon Talat Yai, Amphoe Mueang Phuket
시간_ 10시 30분~22시   **전화_** +66-76-256-500

층별 안내

지하(G floor)	주차장
1층	TOPS 마켓, 의류
2층	여성 의류, 미용실
3층	여성 신발, 핸드백, 남성 의류, 엑서사리
4층	아동 의류, 장난감
5층	서비스 센터, 주방용품

빅 씨(Big C)

테스코 로터스에 이은 태국 제2위의 할인 매장이다. 빅 씨^{Big C}의 C는 Central의 약자이다.
1993년 태국 센트럴 그룹의 자회사로 시작해서 1994년 방콕에 1호점을 오픈했고, 2010년에
는 태국의 까르푸 매장 42개 을 인수하여 규모를 늘렸다.
현재는 태국뿐만 아니라 베트남, 라오스에서도 진출하여서 활발하게 영업을 하고 있다. 푸
켓 타운점은 센트럴 푸켓에서 5분거리에 있다.

주소_ 5 72 Wichit, Mueang Phuket District, Phuket **시간_** 9시~23시 **전화_** +66-76-249-444

Phuket North

푸켓 북부

Phuket North

푸 켓 북 부

푸켓^{Phuket} 북부는 남부와 비교하면 관광객들에게 아직 잘 알려지지 않은 곳이 많다. 푸켓 ^{Phuket}은 빠통^{Patong}이라는 공식 때문에 북부를 들리면 여행코스를 계획하기가 복잡해진다. 시간이 여유롭다면 최북단에 있는 마이까오 비치^{Mai Khao Beach}부터 남쪽으로 내려가면 되지 만, 대부분 짧은 휴가로 푸켓^{Phuket}을 방문하기 때문에 북부를 계획에 넣기는 쉽지가 않다. 북부에도 다양한 볼거리, 멋진 레스토랑, 환상적인 뷰를 가진 숙소들이 많이 있다. 시간이 허락된다면, 이제 북부로 여행을 떠나보는 건 어떨까?

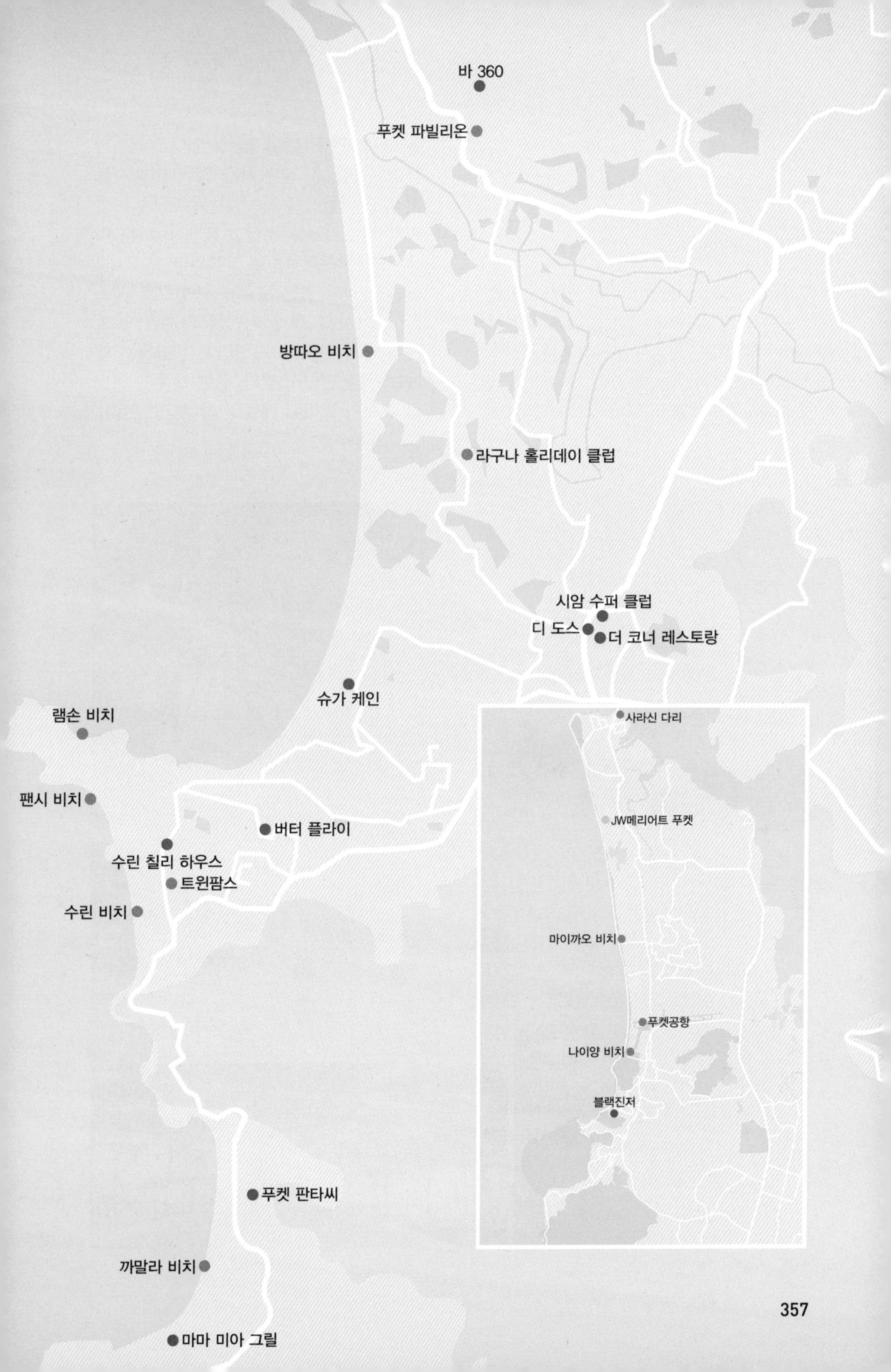

바 360

푸켓 파빌리온 ●

방따오 비치 ●

● 라구나 홀리데이 클럽

시암 수퍼 클럽
디 도스 ●●
● 더 코너 레스토랑

● 사라신 다리

슈가 케인 ●

램손 비치
●

JW메리어트 푸켓 ●

팬시 비치 ●

● 버터 플라이

수린 칠리 하우스
● 트윈팜스

수린 비치 ●

마이까오 비치 ●

푸켓공항 ●
나이양 비치 ●

블랙진저
●

푸켓 판타씨 ●

까말라 비치 ●

마마 미아 그릴 ●

까말라 비치
Kamala Beach

빠통Patong에서 차를 타고 북쪽으로 구불구불한 산길을 지나 언덕을 내려가면 제일 먼저 나오는 비치가 까말라 비치 Kamala Beach가 나온다. 해변 야자수 그늘에서 책을 보거나, 에메랄드빛 바다에서 물놀이를 하는 관광객들을 볼 수 있다. 이런 한적하고 평온한 분위기가 장기 여행자들이 이 지역을 선호하는 이유일 것이다. 하지만 성수기에는 복잡한 빠통 비치를 피해서 오는 관광객들로 북적인다.

해변을 끼고 있는 도로를 중심으로 레스토랑, 마사지 가게, 기념품 가게가 있고, 근처에 빅 씨 마트도 있어서 생활하는 데에는 큰 불편함이 없다. 해변 북쪽에 이슬람 묘지가 있어서 개발이 더디다고 한다.

수린 비치
Surin Beach

푸켓 판타지 테마파크를 지나 야트막한 언덕을 넘어가면 바로 나오는 약 1km 정도의 모래사장을 가지고 있는 해변이다. 파도가 잦아드는 성수기에는 해변 북쪽에서 스노클링과 카약을 즐기기에 좋고, 비수기에는 파도가 거칠어져 서핑을 타러 많이 방문한다.

해변 바로 입구 앞에는 다양한 음식을 파는 노점상이 있고, 야자수 나무 그늘에서 바다를 보면서 마사지를 받을 수 있는 간이 마사지 가게도 있다. 수린 지역은 작은 해안 마을이지만 안다만해가 내려다보이는 언덕에 고급 빌라나 리조트가 모여있다.

푸켓 판타씨
Phuket Fantasea

푸켓 판타씨는 1992년에 1000억 이상을 들여 개장한 푸켓 최대 규모의 테마파크다. 테마파크는 크게 3가지 지역으로 구분된다.

태국의 가장 화려하고 웅장했던 수코타이 시대의 궁을 재현해 놓은 3천석 규모의 코끼리 궁전, 공연장으로 가는 길에 있는 다양한 기념품 가게, 거리공연, 게임장, 거리공연장, 코끼리 타기 등이 있는 축제의 마을, 4,000명이 한 번에 식사할 수 있는 뷔페 레스토랑인 황금의 키나리 뷔페로 나뉜다.

공연은 캄마라 왕국의 수호 전사 999마리의 코끼리에 대한 전설로부터 시작된다. 태초의 태국에 까말라 왕자가 천상의 키나리(반은 인간, 반은 새)를 뱀을 이용해 사로잡아 둘이 사랑에 빠지고, 그들의 아들이 시암 민족 즉 태국의 시초가 된다. 이 아들의 공주가 납치되면 코끼리의 신성한 힘으로 되찾는다는 줄거리이다. 공연은 코끼리 서커스단, 공중제비, 스턴트맨 쇼, 레이저 특수 효과, 불꽃놀이 등 다양한 효과가 활용되어 지루할 틈이 없이 전개된다.

공연 중에는 사진 촬영이 엄격히 금지되었다. 입장할 때 소지품 검사를 하고, 사진기는 개인 락커에 보관해준다.

///

홈페이지_ phuket-fantasea.com
주소_ 99 Tambon Kamala, Amphoe Kathu
시간_ 17시 30분~22시 30분, 목요일 휴무
요금_ 공연 관람 – 성인 1800B,
　　　　　　　　　어린이(4~12세) 1800B
　　　공연(디너 뷔페 포함) – 성인 2200B,
　　　　　　　　　어린이(4~12세) 2000B
전화_ +66-76-385-000

PHUKET

방따오 비치 & 라구나 지역
Bangtao Beach & Laguan Area

해변의 길이만 약 6km에 이르는 푸켓에서 가장 긴 해변 중의 하나로 라구나 단지 중심으로 다양한 호텔, 리조트가 있다. 방따오 주변에는 반얀트리, 두짓타니 라구나, 앙사나 리조트 아웃리거 리조트, 쉐라톤 등 푸켓에서 가장 이름있는 리조트들이 라구나 주위에 모여있다.

예전에는 숙소와 해변밖에 즐길 게 없었지만, 최근에는 호수 주변에 다양한 쇼핑센터, 레스토랑, 해변 클럽들이 들어서서 점점 활기에 찬 해변으로 탈바꿈하고 있다. 해변 근처에는 바위가 없으므로 해변 어디서나 일광욕을 하기에 좋고, 서핑은 5월~11월 사이에 하기에 좋다.

나이양 비치
Naiyang Beach

푸켓 공항과 젤 가까운 곳에 있는 해변이다. 긴 모래사장과 해변 주위에 다양한 음식을 파는 노점상이 있다.

공항 이륙장 바로 앞이라 10분 간격으로 이착륙하는 비행기를 볼 수 있어서, 해변도 즐기고 착륙하는 비행기를 배경으로 사진을 찍으러 많이 방문한다. 바람이 좋은 날에는 카이트 써핑도 즐기는 사람도 볼 수 있다.

마이까오 비치
Mai Khao Beach

푸켓에서 가장 긴 해변을 가지고 있는 마이까오 비치는 사람들에게 잘 알려지지 않았지만, 최근에는 해변 근처에 호텔, 리조트가 들어서면서 서서히 관광객들이 관심을 가지기 시작했다.

마이까오 비치는 바다 거북이의 산란기인 11월~2월까지는 거북이를 보러 오는 사람으로 많은 관광객이 방문한다. 이때는 해변 곳곳에서 거북이와 관련된 다양한 행사를 한다.

마마 미아 그릴 & 레스토랑
Mamma Mia Grill
& Restaurant Kamala

까말라는 작은 해변이라 식당이 해변 도로 양쪽으로 몰려 있다. 그중 다양한 해산물 요리부터 스테이크까지 판매하고 있는 마마 미아는 캐쥬얼한 분위기와 바다를 바라보면서 식사를 할 수 있어서 관광객들에게 인기가 많다.
화덕에서 구운 피자, 싱싱한 랍스타로 요리 및 우리나라 사람들에게 입맛에 맞는 바비큐 치킨 케밥이 대표 요리이다. 도로가 입구와 해변 쪽 입구가 있어서 찾아가기 편리하고, 종종 프로모션도 하니 방문할 때 참고 하기 바란다.

홈페이지_ mammamiaphuket.com
주소_ 93 Moo 3 Rim-Had Road, Tambon Kamala
시간_ 15시~23시
요금_ 안심 스테이크 695B, 새우 요리 250B, 샐러드 250B, 파스타 295B
전화_ +66-84-626-4528

수린 칠리 하우스
Surin Chill House

노보텔 수린 근처에 있는 에어컨이 시원하게 나오는 식당이다. 8개의 테이블을 갖추고 있는 작고 아담한 분위기의 식당으로, 태국 음식부터 스테이크까지 다양한 메뉴를 제공하고 있다.
음식은 대체로 무난하고 생각보다 양이 많아서 여러 가지 음식을 굳이 시킬 필요는 없다.

과일 주스는 옆 가게에서 싱싱한 과일을 직접 사 와서 만들어 주는 만큼 신선함은 보장한다. 다양한 디저트도 판매하니 더운 낮에 방문하면 좋다.

주소_ Soi Hat Surin 8, Tambon Choeng Thale, Amphoe Thalang, Chang Wat Phuket
시간_ 8시 30분 ~ 16시, 18시~23시
요금_ 치킨 샐러드 180B, 샌드위치 220B, 햄 피자 240B, 티본 스테이크 420B
전화_ +66-96-652-8540

슈가 케인
Sugar Cane Restaurant

썬윙 리조트 바로 앞에 태국 스타일의 목조 건물에 있는 식당이다. 썬윙 리조트보다 저렴한 가격과 맛으로 숙박객들의 방문이 많은 곳이기도 하다.
해변 식당과 비슷하게 태국 음식에서부터 피자까지 다양한 요리를 판매한다.

물놀이를 하다가 숙소로 돌아가기 전에 들려서 식사하기 좋고, 아이들을 위한 다양한 메뉴도 있고 음식은 포장할 수 있다. 오픈된 식당이라 저녁에는 모기가 있으니 모기 기피제를 챙겨가는 게 좋다.

주소_ Soi Hat Surin 8, Tambon Choeng Thale, Amphoe Thalang, Chang Wat Phuket
시간_ 8시 30분~16시, 18시~23시
요금_ 파스타 200B~, 햄 피자 240B~

버터플라이 레스토랑
Butterfly Restaurant

저렴한 가격과 맛으로 호텔 레스토랑보다 별점이 높은 태국 로컬 식당이다. 방따오 비치에서는 좀 떨어져 있지만, 이동하는 수고가 아깝지 않은 곳이다.
입구에 있는 야외석과 주방과 붙어 있는 실내석이 식당 전부지만, 항상 청결하게 잘 관리되어 있다. 똠얌꿍, 팟타이, 쏨땀, 볶음밥 등 제대로 만든 태국 요리를 맛보고 싶다면 방문해보자.

주소_ Soi Hat Surin 4, Tambon Choeng Thale, Amphoe Thalang
시간_ 9시~16시 30분, 18시~22시 30분
요금_ 햄버거 세트 150B, 오믈렛 50B, 바나나 팬케이크 80B, 쏨땀 60B
전화_ +66-81-597-3012

더 비치 퀴진
The Beach Cuisine

방따오 비치 남쪽 끝부분에 있는 하얀색과 파란색의 파스텔 색조로 시원하게 꾸며진 식당이다. 장점은 뭐니 뭐니해도 해변을 바라보면서 식사를 할 수 있는 것이다. 해 질 무렵에 해변 바로 앞에 있는 테이블은 예약하지 않으면 앉기가 힘들 정도로, 이곳에서 보는 장면은 아름답다.

메뉴는 서양식 위주로 있지만, 기본적인 태국 음식도 판매하고 있다. 음식이 우리나라 사람 입맛에는 좀 짤 수 있으니 덜 짜게 해달라고, 주문 전에 미리 얘기하는 게 좋다.

홈페이지_ thebeachcuisine.com
주소_ Choeng Thale, Thalang District
시간_ 11시~22시
요금_ 파스타 150B, 그리스 샐러드 160B, 피자 250B
전화_ +66-93-668-5182

타통카
Tatongka

타통카는 인디언 말로 버팔로라는 뜻이 있다. 버팔로를 따라 다니며 생활을 영위하는 인디언과 같은 유목 정신으로 세계 여기저기를 돌아다니면서 다양한 요리를 익힌 쉐프이자 오너인 독일인 핼로드 쉬바츠가 1996년 오픈한 퓨전요리 전문점이다. 식당 분위기도 그렇지만, 그가 만들어 내는 요리는 독특한 플레이팅과 이국적인 맛으로 관광객들에게 인기가 많다.

아이들을 위한 다양한 메뉴도 있어서 가족끼리 온 관광객들도 볼 수 있다. 픽업 서비스도 하고 있으니 미리 전화로 확인하고 가도록 하자. 비수기에는 노마드 족답게 1달 동안 영업을 하지 않고, 여행을 다니니 잘 확인하고 방문하는 게 좋다.

홈페이지_ m.facebook.com
주소_ 34 Lagoon Road Cherngtalay, Phuket
시간_ 18시~22시(월요일 휴무)
요금_ 참치 타코스 280B, 그리스 파스타 370B, 피자 150B
전화_ +66-76-324-349

디 도스
DeDos Restaurant

방따오 라구나 푸켓 리조트 콤플렉스 근처에 있는 고급 서양식 레스토랑이다. 쉐프이자 오너인 파블로는 스위스계 볼리비아인으로 어려서부터 어머니의 영향으로 요리에 관심이 많았다.
프랑스로 유학을 떠나 다양한 학위를 취득했고, 2008년에 태국으로 와서 지금의 디 도스를 오픈하였다. 프랑스 유학의 영향으로 주로 프랑스 요리 기법에 지중해와 아시아 스타일의 퓨전 요리를 선보이고 있다. 2층으로 이루어진 식당은 야외석과 실내석, 개인 파티공간으로 나누어져 있다. 어린이들을 위한 메뉴도 있어서 가족들과 함께하기에도 좋은 곳이다.

홈페이지_ dedos-restaurant.com
주소_ 1Thanon Bandon-Cherngtalay Thalang
시간_ 11시~22시 30분
요금_ 라비올라 490B, 연어 참치 사시미 390B,
　　　카르보나라 290
전화_ +66-76-325-182

기가 많은 메뉴이다.
음식은 전체적으로 담백하고 깔끔해서, 태국 음식이 잘 안 맞는 사람에게도 추천할 만하다.

더 코너 레스토랑
The Corner Restaurant

식당 이름답게 작은 도로가 코너에 있다. 친절한 독일인 사장님이 입구에 들어서자마자 따뜻하게 환대를 해줘서 기분을 좋게 만들어 준다. 태국 요리에서부터 스테이크 요리까지 다양하고 맛있는 요리를 선사한다. 특히 이 식당의 해산물 바비큐는 싱싱하고 다양한 해산물이 나와 인

홈페이지_ thecornerphuket.com
주소_ 116, Moo 1, Sakhu, Thalang, Phuket
시간_ 11시~22시 30분
요금_ 와규 스테이크 990B, 새우 팟타이 550B
전화_ +66-76-324-023

블랙 진저 타이 레스토랑
Black Ginger Thai Restaurant

작은 배를 타고 들어가는 로맨틱한 분위기의 식당으로 입소문이 자자 한곳이다. 입구도 화려하고 입구를 지나면 작은 배가 기다리고 있어서, 식당으로 건너가려면 배를 타고 가면 된다. 신선한 재료를 사용한 태국 퓨전요리를 제공한다. 단순하게 식사만을 할 수 있는 곳이 아니라 근사한 진짜 외식을 할 수 있는 곳이다. 깔끔하고 잘 정돈된 테이블과 섬세하게 신경 써서 나오는 음식들, 음식이 나오면 메인 쉐프가 직접 나와서 음식에 관해 설명을 해주는 등 익히 알고 있는 영화에서 보던 고급 레스토랑 그 모습 그대로이다.

홈페이지_ theslatephuket.com
주소_ 116, Moo 1, Sakhu, Thalang, Phuket
시간_ 19시~22시
요금_ 똠얌꿍 490B, 새우 팟타이 550B,
　　　세트 메뉴 1500B
전화_ +66-76-336-100

라 살라
La Sala

아난타라 리조트의 메인 레스토랑으로, 맛있고 다양한 조식으로 인기가 많은 곳이기도 하다.
고급 리조트의 부속 레스토랑답게 깔끔하고, 화려한 광섬유로 만든 조명은 밤에 더욱 빛을 발한다. 에어컨이 나오는 실내석과 호수를 바라보면서 식사를 할 수 있는 실외 석으로 나누어져 있다. 태국 음식에서부터 서양식 퓨전 요리를 제공한다.

가격이 좀 있지만, 좋은 분위기에서 최고의 서비스를 받고 싶으면, 한 번쯤은 와서 먹어봐도 좋은 곳이다. 저녁에 방문하면 뷔페 메뉴와 단품 메뉴도 주문할 수 있고, 월요일에는 태국 전통 공연을 하고, 금요일에는 바비큐 뷔페도 운영한다.

홈페이지_ phuket.anantara.com
주소_ 888, Moo 3, Mai Khao, Phuket
시간_ 19시~22시
요금_ 무흥 590B, 똠얌꿍 450B, 팟타이 580B,
　　　마사만 커리 890B
전화_ +66-76-336-100

푸켓 북부 나이트 라이프

바 360(Bar 360)

푸켓 파빌리온의 자랑인 바Bar 360은 방따오 일대를 내려다볼 수 있는 산 중턱에 자리 잡은 레스토랑 겸 바Bar다. 이름에서 알 수 있듯이 테라스에 오픈된 테이블이라 전망을 감상하기엔 이보다 좋은 곳이 없을 정도다.
푹신한 쿠션이 있는 의자가 있어서 편하고 여유롭게 시간을 즐길 수 있다. 저녁에는 라이브 공연과 디제잉도 하고 있으니 저녁 무렵에 방문하면 아름다운 추억을 남길 수 있다. 비가 오거나 날씨가 안 좋으면 가지 않는 게 좋다.

홈페이지_ pavilionshotels.com **주소_** 31/, 232/1 Moo 6 Choeng Thale, Thalang District, Phuket
시간_ 17시 30분 ~23시 30분 **요금_** 칵테일 270B, 파스타 300B~ **전화_** +66-76-317-600

시암 수퍼 클럽(The Siam Supper Club)

추천 사이트에서 꾸준히 상위권을 유지하고 있는 방따오에 있는 고급스러운 바 겸 레스토랑이다. 재즈를 사랑하는 미국인이 사장이 운영하고 있어서, 라이브 공연을 들으면서 음식이나 주류를 즐길 수 있는 곳이다. 외국 관광객들에게 특히 인기가 많은 곳이기도 하다. 잘 정돈된 테이블에서, 칵테일, 럼, 마티니부터 다양한 와인을 마셔보기 바란다. 어린이도 입장 가능하니 가족 여행객들에게도 좋은 선택이 될 것이다. 방따오 지역에 숙소가 있다면 무료 픽업 서비스를 이용해 보자. 커플로 왔다면 남자 친구가 점수 따기 좋은 곳이다.

홈페이지_ siamsupperclub.com **주소_** 36-40 Lagoon Rd, Tambon Cherngtalay, Amphoe Thalang
시간_ 17시 30분 ~23시 30분 **요금_** 파스타 290B, 마르게리타 290B, 포크 립 520B, 마티니 350B, 스테이크 1250B
전화_ +66-76-270-936

파레사
Paresa

빠통에서 까말라로 넘어가는 밀리어네어스 마일Millionaires Mile 해안의 절벽 끝에 있어서, 바다를 조망할 수 있다. 총 49개의 객실은 오션 풀 스위트, 클리프 풀 빌라, 그랜드 레지던스 풀 빌라로 구성되어 있다.

리조트에는 전망 좋은 고급 레스토랑과 마사지도 받을 수 있는 스파가 있다. 스파 풀 빌라를 예약하면 매일 45분씩 오일 마사지를 무료로 받을 수 있으니 이용하기 바란다.

홈페이지_ paresaresorts.com
주소_ 49 Moo 6, Layi-nakalay Road Tambon Kamala
요금_ 오션 풀 스위트 16005B, 클리프 풀 빌라 21519B
전화_ +66-76-302-000

끼말라 푸켓 리조트
Keemala Phuket

까말라 시내 뒤쪽에 있는 야트막한 산 중턱에 있는 5성급의 풀 빌라다. 빌라의 모양이 새의 둥지 모양을 하고 있어서 한눈에도 쉽게 알아볼 수 있다.
전용 풀과 넓은 테라스를 갖춘 클레이 코티지, 열대 우림과 리조트를 바라다볼 수 있는 텐트 빌라, 전용 수영장이 있는 트리 빌라 등을 갖추고 있다. 훌륭한 룸서비스의 메뉴와 리조트에서 다양한 프로그램이 있어서 굳이 밖으로 나갈 필요성을 못 느낀다. 빠통과도 가까워서 쇼핑이나 해변에 가기에도 좋다.

홈페이지_ keemala.com
주소_ 10/88 Nakasud Rd, Kamala
요금_ 클레이 코티지 16950B, 텐트 빌라 17812B
전화_ +66-76-358-777

트윈팜스 리조트
Twinpalms Phuket Resort

비치로드만 건너면 바로 수린 비치를 갈 수 있을 만큼 해변 접근성이 좋은 곳이다. 야자수와 잘 관리된 잔디 정원은 산책하기에도 괜찮다.
각 객실은 테라스를 가지고 있어서 밤에 해변을 보면서 휴식하기 좋다. 수영장은 관리가 잘되어 있어서, 종일 시간 가는 줄 모르고 수영장에만 있게 된다. 조식은 종류는 많지 않지만, 매일 다양하게 바꿔줘서 지겹지가 않다.

홈페이지_ twinpalmshotelsresorts.com
주소_ 106/46 Moo 3, Surin Beach Road, Tambon Choeng Thale, thalang
요금_ 디럭스 팜 더블룸 4822B, 그랜드 디럭스 팜 더블룸 6750B, 팬트하우스 17640B
전화_ +66-76-316-500

라구나 홀리데이 클럽
Laguna Holiday Club Phuket Resort

방따오 비치에서 도보로 2분 정도 떨어져 있는 라구나 홀리데이 클럽 리조트는 탁 트인 전망과 골프장이 보이는 넓은 수영 장이 있다. 수영장에는 워터 슬라이드가 있어서 항상 어린이들의 웃음소리가 끊이지 않는다. 라구나 단지에 자리 잡고 있어서 셔틀로 편리하게 쇼핑센터나 레스토랑으로 이동할 수 있다. 스위트 룸은 전

자레인지, 냉장고, 커피 메어커등 간단한 시설이 완비되어 있어서 특히 가족 여행 객들이 선호한다. 리조트 근처에 야시장 이 있어서 바닷바람을 맞으면서 구경하 고 먹거리를 사 먹기에도 안성맞춤이다. 주변 리조트보다 합리적인 가격으로 여 행자들에게 인기가 많은 곳이다.

홈페이지_ lagunaholidayclubresort.com
주소_ 106/46 Moo 3, Surin Beach Road, Tambon Choeng Thale, thalang
요금_ 주니어 스위트 룸 2170B, 1베드 스위트룸 2450B, 2베드 스위트룸 17640B
전화_ +66-76-271-888

푸켓 파빌리온
The Pavilions Phuket

방따오 근처 산 중턱에 93개의 고급 빌라를 보유하고 있는 리조트이다. 리조트는 방따오 비치와 거리가 있지만, 라얀 비치 Layan Beach까지 셔틀을 운행하고 있어 해변을 가기에는 불편함이 없다.
객실은 산 전망과 바다 전망에 따라 다르고, 전용 인피니티 풀을 갖추고 있다.

조식은 주문하면 즉석에서 만들어줘서 취향에 맞게 먹을 수 있다. 주위에 마땅한 편의시설이 없어서 조용하게 휴가를 보내러 오는 사람에게 좋은 선택이 될 것이다.

홈페이지_ pavilionshotels.com
주소_ 106/46 Moo 3, Surin Beach Road, Tambon Choeng Thale, thalang
요금_ 힐 스위트룸 5232B, 풀 파빌리온-스파 12568B, 오션뷰 풀 빌라 19768B
전화_ +66-76-317-600

손님을 기다리면서 동료들과 시간을보내고 있는중

싱싱한 해산물을 저렴한 가격에 판매하고 있다.

아침에 공원에서 운동을 하고 있는 중

올드 타운에서 관광객들이 현지 음식을 주문 하고 있다.

학교가 끝나서 부모님들과 아이들이 집으로 돌아가기전 간식을 사고 있다.

푸켓 투어

피피섬 투어

푸켓Phuket에서 동남쪽으로 48㎞ 떨어진 곳에 있는, 아름다운 산호와 순백의 백사장이 있는 곳으로, 레오나르도 디카프리오 주연의 '더 비치'의 배경으로 나와서 일약 전 세계인들에게 유명해진 섬이다. 푸켓Phuket에서 스피드 보트를 타고 1시간 30분에서 2시간 정도 걸린다. 투명한 바다와 적당한 수온으로 다양한 해양 생태계가 보존되어 있어, 스노클링과 다이빙으로도 인기가 많은 곳이다.

섬은 크게 피피돈Phi Phi Don섬과, 피피레Phi Phi Ley 섬으로 나눈다. 피피돈 섬은 배낭여행자의 성지라고 불리만큼 다양한 숙박 시설과, 레스토랑이 섬 곳곳에 있고, 낮에는 휴식을 밤에는 다양한 파티로 젊음을 불태우는 곳이다.
돈 사이 베이와 로담 베이를 한눈에 바라다볼 수 있는, 피피 돈 전망대는 환상적인 노을을 감상할 수 있는 곳으로, 많은 관광객이 찾는 곳이다.

피피레 섬은 더 비치의 배경으로 유명한 마야 베이와 제비집을 채취한다는 바이킹 동굴이 있다. 마야 베이는 에메랄드빛 바다와 기암괴석에 둘러싸인 아름다운 비치로, 들어가는 입구에서부터 관광객들의 탄성을 들을 수 있다. 영화 이후로 관광객의 발길이 끊이지 않지만, 최근에는 자연환경을 보존한다는 이유로 아쉽게도 잠정 폐쇄 중이다.

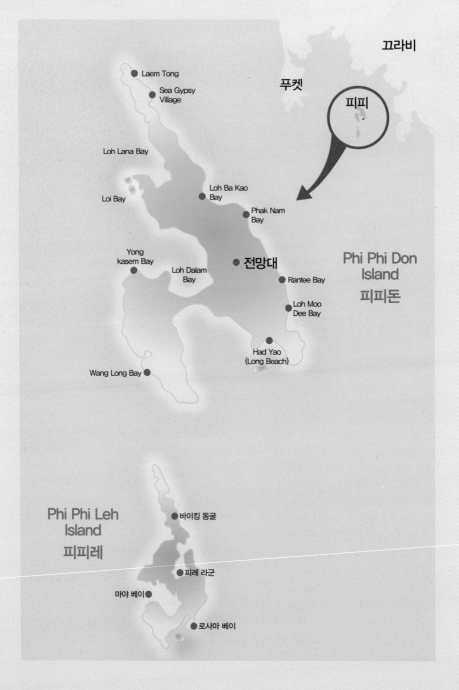

끄라비

푸켓

피피

Laem Tong

Sea Gypsy
Village

Loh Lana Bay

Loh Ba Kao
Bay

Loi Bay

Phak Nam
Bay

Yong
kasem Bay

Loh Dalam
Bay

전망대

Phi Phi Don
Island
피피돈

Rantee Bay

Loh Moo
Dee Bay

Had Yao
(Long Beach)

Wang Long Bay

Phi Phi Leh
Island
피피레

바이킹 동굴

피레 라군

마야 베이

로사마 베이

푸켓에서 가장 인기가 많은 투어로 숙소나 여행사에서 예약할 수 있다. 가기 하루 전에 예약해도 충분하고, 투어 코스는 어디 가나 비슷하니, 가격을 비교해보고 선택하면 된다.

투어는 아침 7시 30분부터 9시까지 숙소로 픽업을 오고, 항구 근처의 미

팅 장소로 가서 투어에 대한 간단한 설명과 장비를 대여해준다. 9시 30분에 보트를 타고 몽키비치, 스노클링, 돈 사이 해변, 점심 식사, 바이킹 동굴, 마야 베이, 로사마 베이 순서로 진행한다. 오후 4시에 마지막 일정을 마치고 5시 30분까지 숙소로 돌아오는 코스이다. 투어 순서는 당일 날씨, 파도 상황, 붐비는 정도 등에 따라 달라진다.

요금_ 성인 3800B, 어린이 2800B(3~10살)

---

① 스피드 보트 이동 시 멀미가 걱정된다면, 출발 전에 제공하는 멀미약을 챙겨 먹자.
② 햇살이 강하므로 선크림, 모자는 챙겨가자.
③ 스노클링과 해변에 쉴 때를 대비해 비치타월을 가져가면 좋다.

제임스 본드섬 투어(팡아만 투어)

영화 007에서 '황금 총을 쏜 사나이'의 촬영지인 팡아만 국립공원에 있는, 제임스 본드 섬은 원래 이름은 코 타푸Koh Tapu라고 하며 '게눈 섬'이라는 의미가 있다. 영화 촬영 이후 섬의 이름이 지금의 제임스 본드 섬으로 바뀌었다고 한다. 우뚝 솟은 독특한 모양의 기암괴석이 에메랄드빛 바다와 어울려 환상적인 풍경을 연출하는 곳이다.
이 투어는 바다에서 수영이나 스노클링 등을 부담스러워서 하는 어르신이나 가족 여행객들에게 좋은 장소이다. 대신 카르스트 지형의 동굴 곳곳을 카누를 타고 누벼 보자.

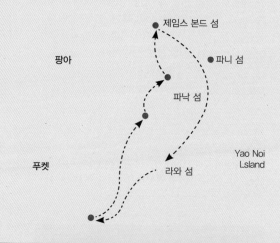

요금_ 성인 3200B, 어린이 2200B(4~11살)

투어는 숙소나 여행사에서 예약할 수 있다. 투어는 크게 롱테일, 스피드 보트, 빅 보트 투어로 나뉘고, 종류에 따라 카약, 동굴 체험이 포함 안 될 수 있으니, 꼼꼼히 비교해보고 예약 하는게 좋다. 투어는 아침 7시 30분부터 9시까지 숙소로 픽업을 오고, 아 포 항구Ao Po Pier 근처의 미팅 장소로 가서, 투어에 대한 간단한 설명을 듣는다.

10시에 보트를 타고 맹그로브 숲, 동굴을 볼 수 있는 파낙Panak Island섬을 30분 정도 둘러보고, 카약으로 유명한 홍 섬에 들려, 카약을 하면서 원숭이도 볼 수 있다. 이후 점심 식사를 마치고, 이 투어의 하이라이트인 제임스 본드 섬을 볼 수 있는 코 카오 핑 칸Kho Khao Ping Kan 섬에 정박한다. 2시에 제임스 본드 섬을 떠나, 마지막으로 근처 라와 섬이나 캐우 섬을 둘러보고 5시에 아 포 항구Ao Po Pier로 돌아오는 코스이다. 투어 순서는 당일 날씨, 파도 상황 등에 따라 달라진다.

① 스피드 보트를 타면 시간이 줄지만, 카약이나 동굴은 갈 수 없다.
② 햇살이 강렬하므로 선크림, 모자, 바지는 챙겨가자.
③ 섬 투어 갈 때는 귀중품은 금고에 보관하고 출입 금지 "Do Not Disturb" 표시를 해 놓는다.
④ 스마트 폰과 소량의 금액만 가져가는 게 좋다.

라차섬(Racha Island) 투어

푸켓의 몰디브라고 불리 울 정도로 맑고 투명한 바닷물로 스노
클링에 완벽한 조건을 갖춘 섬이다. 푸켓에서 약 23㎞ 떨어진 곳
으로, 찰롱 항구에서 스피드 보트로 20~30분 정도만 가면 된다.
관광객들의 발길이 닿지 않아 각종 열대 물고기와 산호가 보존
되어 있어 오래전부터 다이버들에게 사랑을 받아온 곳이다.

라차섬Racha Island은 라차 야이Racha Yai Island와 라차 노이Racha Noi
Island 두 섬으로 이루어져 있다. 일반적으로 부르는 라차섬은 라
차 야이 섬Racha Yai Island이다. 대부분의 다이빙과 스노클링 투어
가 이루어지는 섬이 라차섬Racha Island 즉 라차 야이섬Racha Yai Island
이다.

라차섬은 가장 긴 쪽이 3.5㎞ 정도고, 섬 곳곳에 해변이 있어서,
스노클링과 휴식을 취하기에 좋다. 섬 전체를 걸어 다니기에는
부담스럽지만, 숙박을 한다면, 산악용 자전거를 대여하니 섬을
둘러보는 데는 문제가 없다.

푸켓

라차 섬

라차 노이 섬

건기에는 투어를 하기에 문제가 없으나, 우기에는 바람이 불면 파도가 세져서 투어가 힘들 수도 있다.

투어는 대부분 현지 여행사에서 전일 예약을 하면 되고, 한국어 가이드가 필요하면, 한국 여행사나 한국에서 미리 대행 사이트에서 미리 하고 가면 된다. 보통 투어는 11시 30분부터 ~12시 30분에 숙소로 픽업을 오고, 13시 30분에 미팅 장소에 모여서 일정과 간단한 설명을 듣는다. 14시에 섬에 도착한 후 바톡 베이, 테 베이에 들려서 스노클링이나 휴식을 즐긴다. 17시가 되면 투어를 마무리하고 출발했던 항구로 이동한다.
투어는 여행사에 따라 차이가 있으니, 미리 잘 알아보고 하는 게 좋다. 가격도 제시된 가격을 믿지는 말자.

1. 바톡 베이(Batok Bay)
라차섬 유일의 리조트인 더 라차 리조트가 있는 곳으로, 관광객들이 가장 많은 곳이다. 간단한 매점과 젤라또 가게가 있다.

2. 시암 베이(Siam Bay)
라야 부야 리조트가 있는 곳으로, 비치 주변에는 간단한 물놀이는 가능하다. 번잡함을 피하고 싶은 여행객들이 찾는 곳이다.

3. 테 베이(Ter Bay)
한적한 곳으로 산책을 하면서, 조용히 휴식을 즐기기에 좋은 곳이다.

4. 콘케 베이(Kon Kare Bay)
해변은 없지만, 라차섬에서 가장 훌륭한 다이빙 포인트가 있으며, 스노클링을 즐기기에 최고의 장소이다.

태국 편의점

무더운 태국에서 길을 걷다 편의점을 보면 그렇게 반가울 수가 없다. 시원한 에어컨이 빵빵하게 나오고 음료수에서부터 즉석식품까지 다양하게 진열되어 있어서, 한 번 들어가면 시간 가는 줄 모르고 머물게 된다. 태국 편의점은 우리나라와는 달리 슈퍼마켓과 가격 차이가 크게 나지 않아 편하게 방문하기 좋다. 한류의 영향과 우리나라 관광객들의 증가로 한국 라면, 과자, 음료도 있다.

세븐 일레븐(7-Eleven)

태국 내 최대의 편의점을 가지고 있다. 관광지나, 현지인 거주지역에서도 가장 많이 보이는 편의점이다. 1898년 태국에 첫 점포를 개장한 이래 현재는 태국 전역에 10,000개의 점포를 운영하고 있다. 세븐 일레븐의 나라라고 해도 과언이 아니다.
음료, 과자, 즉석식품, 생필품 등 다양한 제품과 고지서 납부, 심 카드 데이터 충전 등 안 되는 서비스가 없을 정도이다. 대부분 매장에서 ATM기기를 설치하여서 여행자들이 안들 릴 수가 없다. 현재는 후레쉬 커피Fresh Coffee 코너를 신설해 맛있고, 저렴한 커피도 판매하고 있다. 500B 이상일 경우 비자, 마스터 카드로도 계산할 수 있다.

테스코 로터스 익스프레스(Tesco Lotus Express)

태국 제1의 소매업체인 테스코 로터스Tesco Lotus에서 편의점
사업을 시작하면서 만든 것이다. 대형 할인점에서 시작한
편의점답게 각종 식료품과 생활용품이 다양하게 진열되어
있고, 특히 신선한 과일, 채소뿐만 아니라 돼지고기, 닭고기
등 기존 편의점에서 취급하지 않은 제품도 진열해 놓아서,
현지인뿐만 아니라 장기 여행자들에게 사랑받는 곳이다.
최근에는 아침이나 점심을 주로 사 먹는 태국인들을 고려
해서 즉석 조리식품을 많이 판매하고 있다.

훼미리마트(Family Mart)

태국 편의점 3개 브랜드 중 하나로 세븐 일레븐과 비슷한
콘셉트의 편의점이다. 세븐 일레븐의 기세에 눌려 매장이
많이 보이지는 않는다. 그래도 주요 관광지에서는 자주 볼
수 있다. 식음료부터 생활용품까지 다양한 제품을 판매하고
있으며, 최근에는 택배 서비스도 시행하여 현지인들의 호응
이 대단하다. 편의점 안에 제과점과 카페를 갖춘 매장에 있
어 쉬어갈 수 있다.

로손 108(Lawson 108)

전국구 편의점이기보다는 방콕과 수도권 지역에 집중적으
로 매장이 있다. 태국 자체 편의점인 '108 Shop'을 일본 편
의점 브랜드 로손Lawson과 제휴를 해서 로손 108Lawson 108로
바꿔 나가는 중이다. 다양한 계절상품을 비롯한 한정품 행
사로 인기를 끌고 있다.

태국 대형 마트

태국은 우리나라와 비슷하게 전국 곳곳에 대형할인점이 있어서, 필요한 물건을 저렴하게 구매할 수 있다. 일상 생활용품에서부터 귀국 선물까지 다양한 상품을 갖추고 있다.
태국 유명 레스토랑과 패스트푸드 체인점도 입점해 있어서, 쇼핑과 식사를 한꺼번에 해결할 수 있어, 현지인뿐만 아니라 관광객들도 즐겨 찾는다. 태국같이 더운 나라에서 대형할인점은 항상 시원하고, 실내도 깔끔해서, 시간을 보내기에도 좋은 장소다. 장기여행자에게 할인점은 필요한 물건을 저렴하게 구매할 수 있는 꼭 필요한 존재이다.

테스코 로터스(TESCO Lotus)

편의점부터 대형할인점까지 다양한 규모의 매장을 운영하고 있다. 로터스는 원래 태국 기업인 CP그룹의 할인 매장이었으나, 1998년 영국 테스코에 인수되었다. 이질감을 느낄 여지를 막기 위해서 '로터스Lotus'라는 명칭은 그대로 사용하고 있다.

신선 식품, 가공식품, 의류, 장난감, 가정용품 등 다양한 상품을 판매하고 있고, 영업 초기에 신선 식품매장을 태국 재래시장의 분위기와 비슷하게 해서 태국 고객들에게 큰 호응을 얻었다. 한국 관광객 증가와 한류의 영향으로 라면부터 고추장까지 다양한 한국 제품도 판매하고 있다.

상품 판매뿐만 아니라 편의시설도 갖추기 위해 MK 수끼, 후지 일식당, 오이시 뷔페 등 유명 프랜차이즈와 버거킹, 맥도널드, KFC 등 패스트푸드 체인점을 입점시켰다. 또한 서점, 장난감, 음반 등을 전문으로 판매하는 매장과 미용실 및 네일 샵도 있다. 숙소 가까이 있다면 장 보는 재미도 있고, 식사도 할 수 있어서 방문하기에 좋다.

푸켓 테스코 로터스(TESCO Lotus)
주소_ 104 Chalermprakiat Ratchakan Thi 9 Road, Ratsada, Mueang Phuket
시간_ 07시~23시

빅 씨 마트(Big C Mart)

테스코 로터스에 이은 태국 제2위의 할인 매장이다. 빅 씨 Big C의 'C'는 'Central'의 약자이다. 1993년 태국 센트럴 그룹의 자회사로 시작해서 1994년 방콕에 1호점을 오픈했고, 2010년에는 태국의 까르푸 매장 42개 을 인수하여 규모를 늘렸다. 현재는 태국뿐만 아니라 베트남, 라오스에서도 진출하여서 활발하게 영업을 하고 있다.

신선 식품에서부터 전자제품까지 다양한 상품구성으로 현지인들뿐만 아니라 관광객들에게도 인기가 많은 곳이다. 대한민국보다는 저렴하지만, 태국 물가에 비교하면 비싼 제품도 있으므로 꼭 비교해서 구매하는 것이 좋다. 다만 대한민국의 제품은 수입품이므로 당연히 더 비싸다는 생각을 하고 물품을 보아야 한다. 대형 매장은 시내 중심지보다는 외곽지역에 있어서 관광객들이 접근하기에는 조금 어려움이 있다. 귀국 선물로 말린 열대 과일, 치약, 의약품, 과자, 꿀을 구매하려 자주 찾는다.

주소_ 5 72 Wichit, Mueang Phuket (푸켓타운) 시간_ 9시~23시

┌───
 다양한 빅 C 마트
 빅 씨 슈퍼센터(Big C Supercenter), 빅 씨 엑스트라(Big C Extra) - 대형 할인 매장
 빅 씨 마켓(Big C Market), 미니 빅 씨(Mini Big C) - 중형 매장
└───

태국 해양 스포츠 주의 사항 & 대처 방법

수영, 스노클링, 스쿠버 다이빙, 패러 세일, 서핑 등 다양한 해양 스포츠는 태국을 방문하는 주요 목적 중 하나일 것이다. 최근 태국 휴양지에서 물놀이를 하다 사고를 당했다는 소식이 자주 들려온다. 휴가의 들뜬 기분으로 아무런 정보와 준비도 없이 해양 스포츠를 즐기다가 사고에 노출된 것이다. 여행에서 제일 중요한 것은 안전이다. 모험가가 아닌 이상 위험한 상황에 본인을 노출 시키는 행동은 최대한 자제하자.

태국 해양 스포츠 안전수칙 알아두기!
① 물에 들어가기 전에는 충분한 준비 운동을 하자.
② 호텔수영장이나 해변에서는 안전요원이 있는 곳에서만 수영이나 물놀이를 하자.
③ 해양 스포츠를 할 때는 꼭 구명조끼를 착용하자.
④ 기상 조건이 나쁘거나 파도가 높을 때는 바다에 들어가지 말자.
⑤ 모르는 곳에 가서 혼자 수영을 하지 말고, 사람들이 많은 곳에서 물놀이를 하자.
⑥ 해변에서 물놀이를 하다가 제트 스키, 스피드 보트와 충돌 사고가 자주 발생하므로, 물놀이 중간에 꼭 주위를 살피도록 하자.
⑦ 수영이나 스노클링을 할 때는 중간 중간 해변으로 나와 음료수를 마시거나, 충분한 휴식을 취해야 한다.
⑧ 해양 스포츠 중 몸 상태가 안 좋다고 느껴진다면, 바로 물 밖으로 나오거나 주변 사람에게 알려준다.
⑨ 쓰나미가 발생 전에는 바닷물이 갑자기 빠진다. 이런 현상이나 지진 경보가 울리면 즉시 육지로 올라와 제일 높은 건물 옥상이나, 야산 등으로 빠르게 대피해야 한다.

어린이 안전수칙

① 아이 키에 알맞은 물 높이에서 물놀이를 시키자. 바다에는 수심이 갑자기 깊어지는 곳이 있으니 특히 주의해야 한다.

② 호텔수영장이라도 튜브나 구명조끼를 착용해주고, 항상 아이의 행동을 지켜본다. 아이가 물속에 있다면 보호자도 함께 물속에 있는 것이 안전하다.

③ 산호가 부스러져 발바닥이 다칠 수 있으니 항상 물놀이용 신발을 착용케 한다.

④ 귀에 물이 들어갔다면 면봉을 사용하지 말고 되도록 자연스럽게 물이 빠져나갈 수 있도록 한다.

⑤ 어린이들은 피부가 성인보다 약하니 꼭 선크림을 발라 줘야 한다.

⑥ 면역력이 약한 어린이들은 숙소에 들어와서 꼭 깨끗이 씻겨 줘야, 전염병을 최대한 예방할 수 있다.

응급처치 방법

해양 스포츠를 즐기다가 쓰러지거나 의식을 잃은 사고가 발생하면 신속하게 주변에 알리고, 가능한 한 즉시 조치를 해줘야 한다. 의식을 잃고 심정지 시간이 4~5분 지나면 뇌가 손상을 받기 시작하기 때문에, 심정지를 확인하면 즉시 심폐 소생술을 시작해줘야 한다.

심폐 소생술

① 즉시 주위에 도움을 청한다.
② 1691에 신고를 한다.
③ 맥박이 뛰지 않으면, 환자의 기도를 확보하고 심폐 소생술을 즉시 실시한다.
④ 가슴 정중앙을 강하게 5㎝ 깊이로 빠르게 1초에서 2번 정도 속도로 30번 눌러준다.
⑤ 한 손으로 이마를 뒤로 젖히고, 다른 한 손으로 턱을 올려 기도를 개방한다.
⑥ 환자의 입에 공기를 불어 넣으며 인공호흡을 2회 실시한다.
⑦ 가슴 압박 30번과 인공호흡 2번을 번갈아 가면서 실시한다. 환자 호흡이 회복되면 옆으로 돌려 눕혀 기도를 열어준다.

※체중이 작은 소아일 경우에는 두 손가락으로 압박을 하고, 인공 호흡할 때 코와 입에 동시에 숨을 불어 넣는다.
※다른 구조자가 있다면 2분마다 교대하면서 반복해준다.

▶ 보건복지부 응급처치

해파리에 쏘였을 때

① 즉시 물 밖으로 나온다.
② 환자 또는 보호자가 안전요원에게 알린다.
③ 안전요원이 오기 전까지 바닷물로 씻는다.
④ 세척이 끝나고도 촉수가 남아 있으면 신용카드 등 플라스틱 카드를 사용하여 제거한다.
⑤ 통증이 계속되거나 온몸이 아플 경우 즉시 가까운 병원으로 간다.

※민물, 알코올로 세척 하면 안 된다.
※쏘인 부위를 문지르거나 만지면 안 되고, 붕대로 감는 등 압박해도 안 된다.
※촉수 제거 시 조개껍데기 등 오염된 물체를 사용하면 안 된다.

Krabi

끄라비

끄라비(Krabi)에서 한 달 살기

태국의 치앙마이Chiang Mai와 방콕Bangkok이 한 달 살기로 떠오르고 있지만 깨끗한 환경과 재미있는 해양스포츠와 아름다운 풍경, 저렴한 물가를 생각하여 추천한다면 태국에서는 끄라비Krabi이다. 안다만해의 아름다운 해안선은 남쪽의 말레이시아인 랑카위Langkawi와 페낭Penang부터 태국의 푸켓Phucket, 피피 섬Pipi Island, 끄라비Krabi까지 이어진다. 푸켓Phucket 여행을 하면 짧은 기간에 신혼여행이나 휴양을 즐기는 단기여행이 대세였던 것에, 비해 최근에는 오랜 기간, 한 곳에 지내며 여유를 가지고 지내는 끄라비krabi에서의 한 달 살기가 인기를 끌고 있다. 태국의 방콕, 치앙마이나 발리의 우붓Ubud이 한 달 살기의 원조로 인기를 끌었다면 최근에는 동남아시아의 다양한 지역으로 확대되고 있다.

태국은 한 달 살기의 원조답게 한 달 살기를 하는 여행자가 많이 늘어나고 있다. 태국의 수도인 방콕Bangkok이나 북부의 치앙마이Chiangmai, 빠이Pai 등에서 한 달 살기를 머무는 여행자가 많이 늘었고 점차 다른 도시로 확대되고 있다. 시대가 변하면서 짧은 시간의 많은 경험보다 한가하게 여유를 가지고 생각하는 한 달 살기의 여행방식은 많은 여행자가 경험하고 있는 새로운 여행방식이다.

내가 좋아하는 도시에서 머무르며 하고 싶은 것을 무한정할 수 있는 장점이 한 달 살기의 최대 장점이지만 그만큼 머무르는 도시가 다양한 활동이 가능해야 한다. 한 달 살기 동안 재미있게 지내려면 해양스포츠와 인근의 유적지와 관광지가 풍부해야 가능하다.

여행지를 알아가면서 현지인과 친구를 사귀고 그곳이 사는 장소로 바뀌면서 새로운 현지인의 삶을 알아갈 수 있는 한 달 살기지만 인근에 활동을 할 수 있는 곳이 제한된다면 점차 지루해지는 것은 어쩔 수 없는 일이다. 저자도 태국의 치앙마이Chiang Mai, 방콕Bangkok, 빠이Pai에 한 달 이상을 머무르면서 그들과 같이 이야기하고 지내면서 한 달 살기에 대해 확실히 경험하게 되었다.

끄라비Krabi의 한 달 살기는 바쁘게 지내는 것이 아닌 여유를 가지고 지낸다는 생각과 저렴한 물가로 돈이 부족해도 걱정이 없어진다. 끄라비Krabi는 규모가 큰 도시가 아니고 해안에 위치하고 한 달 살기를 하면서 다양한 해양스포츠와 아름다운 해변에서 지내기 좋은 도시이다. 해안에 있지만 카르스트 지형의 아름다운 절벽을 오르내리는 록 클라이밍Rock Climbing도 끄라비Krabi의 한 달을 짧게 만든다.

끄라비Krabi에서 모든 레스토랑과 식당에서 음식을 먹어보며 내 입맛에 맞는 단골집이 생기고 단골 팟타이와 해산물 전용 레스토랑에서 만나 사람들과 짧게 이야기를 나누다가 점점 대화의 시간이 늘어났다. 끄라비Krabi가 지루해질 때면 가까이 있는 아오낭Ao Nang 비치로 나가 탁 트인 해변에서, 수영도 하고 선베드에 누워 낮잠을 즐기기도 했다. 여유를 즐기면 즐길수록 마음은 편해지고 행복감은 늘어났다.

꼬라비Krabi은 1년 내내 화창한 날씨를 가진 도시이다. 그래서 비가 오는 날이면 커피 한 잔의 여유를 즐기는 순간이 즐겁다. 바쁘게 사는 대한민국에서는 비가 오면 신발이 젖은 채로 사무실로 들어오는 순간 짜증이 생기지만 바로 일을 할 해야 하는 내가 싫은 순간이 많다. 꼬라비Krabi에서의 비는 매일같이 내려도 짧고 강하게 오기 때문에 일상생활에 크게 지장을 주지 않았다. 바쁘게 무엇을 해야 하는 것이 아니기에 신발에 빗물이 들어가도 돌아가는 길이 짜증나지 않고 슬리퍼를 신고 빗물이 발가락 사이를 타고 살살 들어오는 간지러움을 느끼며 우산을 쓰고 돌아다녔다. 어린 시절의 느낌을 다시 가지게 되는 순간이었다.

장점

1. 저렴한 물가

끄라비Krabi의 물가가 저렴하다는 것은 '사실이 아니다'라는 말이 있지만 관광객을 상대로
영업을 하는 레스토랑으로 먹으러 가는 횟수가 줄어들면 주머니가 두둑해진다.
관광객의 물가는 높을 수 있지만, 매일같이 고급 레스토랑에서 해산물 요리를 먹지 않는
한 끄라비Krabi물가는 저렴하다. 팟타이는 50~100B(약 1,800~3,800원)이며,   양꿍도 비슷
하다. 특히 오랜 기간을 같은 지역의 음식을 먹기 때문에 나의 입맛에 맞는 팟타이와   양
꿍을 찾아 맛있게 먹었다는 만족도도 높다.

2. 풍부한 관광 인프라

끄라비Krabi는 곳곳에 해변이 있고 인근에는 아
름다운 작은 섬들이 많다. 그래서 4섬 투어나,
7섬 투어 같은 투어 상품으로 즐길 수 있다. 바
닷물 속이 훤히 들여다보이는 해변은 끄라비
Krabi 인근 어디서든 볼 수 있는 풍경이다.
해양스포츠만이 아닌 록 클라이밍Rock Climbing
같은 활달한 활동이나 사원을 오르내리는 일
도 하루가 금방 가도록 만들어준다. 또 온천도
있고 자연 풀장도 있어서 관광 인프라가 풍부
하다.
여유를 즐긴다고 해도 매일 같은 것을 즐기는
것이 지루해지지만 끄라비Krabi는 지루해질 틈
이 없다. 만약 인접한 지역으로 시야를 넓히면
야시장부터 인근 도시인 뜨랑Trang까지 2~3시
간이면 여행을 다녀오기도 좋다.

3. 쇼핑의 편리함

끄라비krabi 인근에 빅씨 마트Bic C Mart와 테스코Tesco가 있고, 타운에는 보그 쇼핑센터Vogue shopping center가 있고, 아오낭Ao Nang에는 작은 테스코Tesco매장도 있다. 한 달 살기를 하려면 필요한 물건들이 수시로 발생한다. 가장 저렴한 쇼핑을 하려면 공항 가는 길에 있는 테스코Tesco를 가야 하지만 많은 물품을 구입하는 것이 아니라면 걸어서 갈 수 있는 보그 쇼핑센터Vogue shopping center를 가장 많이 이용한다.

필요한 물건이 있을 때마다 힘들게 구매하거나 비싸게 구매하면 기분이 좋지 않아진다. 그런데 끄라비krabi에서는 쇼핑이 센터가 있어서 저렴하고 편리하게 구매할 수 있다. 근처에 상설 시장도 있어서 맛있는 열대과일을 저렴하게 사 먹을 수도 있다.

4. 문화적인 친화력

태국에서 TV를 보면 2~3개의 한국 드라마를 더빙한 드라마가 메인 시간에 방영된다. 그만큼 한국 문화에 익숙하고 한국에 대한 호감이 좋다. 태국은 동남아에서 한류가 가장 사랑받는 나라여서, 한국 드라마, 영화, 음악에 관심이 높으며, 한국 관광은 꼭 한 번은 가보고 싶어하는 사람이 많다. 태국 사람들은 대한민국 사람들을 친근하게 느끼고 대한민국이라면 무조건 좋아하는 효과까지 거두게 만든 게 한류이다.

일부 젊은 한류 팬들은 한류 공연을 보기 위해서 직접 한국으로 원정을 오기도 한다. 수도인 방콕에서는 한국가수의 콘서트가 자주 열린다. 대한민국의 제품들은 태국 어디에서든 최고의 제품으로 평가받고 친근하게 느끼고 있다. 중국 사람들과 중국 제품들이 태국에서 저평가를 받는 것과 대조적인 상황이다. 친밀도가 높아졌으므로 태국에서 친구를 사귀기도 쉽고 금방 친해지기 좋은 나라이다.

5. 한국 음식

끄라비Krabi에는 한국 음식을 하는 식당들이 있다. 끄라비Krabi에 있으면서 한식에 대한 필요성을 느끼지 못하지만 한 달을 살게 되면 가끔은 한국 음식을 먹고 싶을 때가 있다. 그럴 때 한식당을 찾기 힘들다면 음식 때문에 고생을 할 수 있지만 끄라비Krabi에는 한식당이 있어서 한식에 대한, 고민은 하지 못했다.

6. 다양한 국적의 요리와 바(Bar)

끄라비Krabi에는 유럽 사람들의 겨울 휴양지로 관광을 오기 시작했다. 그래서인지 끄라비 타운krabi Twon과 아오낭Ao Nang 비치를 걷다 보면 다양한 언어를 들을 수 있고, 유럽인들부터 중동 사람들까지 볼 수 있다. 유럽의 배낭여행자와 말레이시아, 인도, 중동 관광객이 늘어나면서 여행자 거리에는 다양한 나라의 음식들을 먹을 수 있는 장점이 생겼다.

이탈리아 요리부터 이집트 요리까지 원하는 나라의 음식을 먹을 수 있으며, 최근에는 저렴한 펍Pub도 생겨서 소박하게 맥주 한 잔을 하면서 밤까지 즐길 수 있다. 루프탑 바Bar, 라이브 클럽Club등 다양한 가게가 생겨서 밤에도 지루하지 않다.

1. 정보가 많이 없음

한국 관광객들에게 아직은 생소한 지역이다. 근처 푸켓Phuket이나 피피섬Pipi Island은 관광지로 각광을 받고 있지만, 끄라비krabi는 잠시 들리는 곳, 투어로 잠깐 갔다 오는 곳으로 인식되어 있다. 끄라비krabi의 진정한 매력을 모르는 사람이 많다는 것이다. 하지만 끄라비는 푸켓Phuket이나 다른 섬에 비교해 물가도 저렴하고, 다양한 해양스포츠가 있다.

2. 직항 노선이 없음

한국에서 끄라비krabi까지 아직 직항 노선이 없다. 방콕Bangkok에서 국내선으로 환승을 하거나, 푸켓Phuket에서 배나 버스로 이동을 해야 해서 이동시간이 많이 걸리는 편이다. 짧은 휴가로 오기엔 쉽지 않아서, 많이 알려지지 않았지만, 오랜 기간 있을 수 있다면 충분히 매력적인 곳이다.

407

태국에 왔으면 물고기 마사지다.

헬멧과 운전 면허증을 꼭 챙기세요

싱싱한 해산물을 저렴하게 사보자

조심하자. 경찰이다.

여행 태국 필수 회화

한국어	성별	태국어	발음
안녕하세요	남	สวัสดีครับ	싸왓디 크랍
	녀	สวัสดีค่ะ	싸왓디 카
실례합니다	남	ขอโทษนะครับ	커 톳 나 크랍
	녀	ขอโทษนะคะ	커 톳 나카
이것 좀 해 주세요.	남	ช่วยทำอันนี้หน่อยครับ	추 어이 탐안니 너이 크랍
	녀	ช่วยทำอันนี้หน่อยค่ะ	추어이 탐안니 너이 카
먼저 들어가세요.	남	เชิญเข้าไปก่อนครับ	츤 카오빠이껀 크랍
	녀	เชิญเข้าไปก่อนค่ะ	츤 카오빠이껀 카
아, 죄송해요.	남	อ่อ ขอโทษครับ	어 커 톳 크랍
	녀	อ่อ ขอโทษค่ะ	어 커 톳 카
몇 시에 문을 열어요?	남	ประตูเปิดตอนกี่โมงครับ	쁘라뚜 봇 떤 끼몽크랍
	녀	ประตูเปิดตอนกี่โมงคะ	쁘라뚜 봇 떤 끼몽카

■ 식당에서

한국어	성별	태국어	발음
예약할게요.	남	จะจองที่ครับ	짜쩡 티 크랍
	녀	จะจองที่ค่ะ	짜쩡 티 카
얼마나 기다려야 해요?	남	ต้องรอนานเท่าไหร่ครับ	떵 러 난 타오라이크랍
	녀	ต้องรอนานเท่าไหร่คะ	떵 러 난 타오라이카
자리 있어요?	남	มีที่ไม่ไหมครับ	미 티 낭마이 크랍
	녀	มีที่ไม่ไหมคะ	미 티 낭마이 카
이 집에서 가장 인기 있는 메뉴는 뭐예요?	남	ร้านนี้เมนูที่ขึ้นชื่อที่สุดคืออะไรครับ	란 니 메 누 티 큰 츠 티 슷크 아라이 크랍
	녀	ร้านนี้เมนูที่ขึ้นชื่อที่สุดคืออะไรคะ	란 니 메 누 티 큰 츠 티 슷크 아라이 카
계산서 주세요.	남	ขอใบเช็ครายการอาหารด้วยครับ	커 바이 첵 라 이깐 아 한 두 어이 크랍
	녀	ขอใบเช็ครายการอาหารด้วยค่ะ	커 바이 첵 라 이깐 아 한 두 어이 카
이 금액이 틀려요.	남	ยอดเงินผิดครับ	엿 응언 핏 크랍
	녀	ยอดเงินผิดค่ะ	엿 응언 핏 카

■ 카페에서

한국어	성별	태국어	발음
피 한 잔 주세요.	남	ขอกาแฟแก้วนึงครับ	커 까 홰 깨 우 능크랍
	녀	ขอกาแฟแก้วนึงค่ะ	커 까 홰 깨 우 능카
차가운 것으로 주세요.	남	ขอกาแฟเย็นครับ	커 까 홰 옌크랍
	녀	ขอกาแฟเย็นค่ะ	커 까 홰 옌카
아메리카노 한 잔 주세요.	남	ขออเมริกาโนแก้วนึงครับ	커 아메 리까 노 깨 우 능크랍
	녀	ขออเมริกาโนแก้วนึงค่ะ	커 아메 리까 노 깨 우 능카
테이크 아웃으로 할게요.	남	ขอเทคเอาท์นะครับ	커 텍 아오나 크랍
	녀	ขอเทคเอาท์นะคะ	커 텍 아오나 카
샷 추가해 주세요.	남	ขอเพิ่มความเข้มพิเศษครับ	커 픔 쾀 켐 피셋 크랍
	녀	ขอเพิ่มความเข้มพิเศษค่ะ	커 픔 쾀 켐 피셋 카
이거 리필해 주세요.	남	ขอรีฟิวอันนี้หน่อยครับ	커 리 휘우안니 너 이 크랍
	녀	ขอรีฟิวอันนี้หน่อยค่ะ	커 리휘우안니 너 이 카

■ 관광지에서

한국어	성별	태국어	발음
관광 안내소가 어디예요?	남	ศูนย์แนะนำแหล่งท่องเที่ยวอยู่ที่ไหนครับ	쑨 내남 랭 텅티 여우유티 나이 크랍
	녀	ศูนย์แนะนำแหล่งท่องเที่ยวอยู่ที่ไหนคะ	쑨 내남 랭 텅 티 여우유티나이 카
입장료는 얼마예요?	남	ค่าเข้าเท่าไหร่ครับ	카 카오타오라이 크랍
	녀	ค่าเข้าเท่าไหร่คะ	카 카오타오라이 카
학생 할인이 돼요?	남	ลดให้นักเรียนไหมครับ	롯 하이 낙리 안마이 크랍
	녀	ลดให้นักเรียนไหมคะ	롯 하이 낙리 안마이 카
몇 시에 떠나요?	남	จะออกกี่โมงครับ	짜 억 끼 몽 크랍
	녀	จะออกกี่โมงคะ	짜 억 끼 몽 카
미리 준비해야 할 것이 있어요?	남	สิ่งที่ต้องเตรียมไว้ก่อนมีอะไรบ้างครับ	씽 티 떵 뜨리 얌와이 껀 미 아라이 방 크랍
	녀	สิ่งที่ต้องเตรียมไว้ก่อนมีอะไรบ้างคะ	씽 티 떵 뜨리 얌와이 껀 미 아라이 방 카
언제, 어디에서 만나요?	남	เจอกันที่ไหนเมื่อไหร่ครับ	쩌 깐티 나이므 어라이크랍
	녀	เจอกันที่ไหนเมื่อไหร่คะ	쩌 깐티 나이므 어라이카

■ 긴급상황

한국어	성별	태국어	발음
혹시 제 가방 못 보셨어요?	남	ไม่เห็นกระเป๋าของผมเหรอครับ	마이 헨 끄라빠오컹 폼 러 크랍
	녀	ไม่เห็นกระเป๋าของดิฉันเหรอคะ	마이 헨 끄라빠오컹 디찬 러 카
아무리 찾아도 없어요.	남	หายังไงก็ไม่มีได้ครับ	하 양응아이 꺼 마이 미 크랍
	녀	หายังไงก็ไม่มีค่ะ	하 양응아이 꺼 마이 미 카
경찰서가 어디예요?	남	สถานีตำรวจอยู่ที่ไหนครับ	싸타 니 땀루 엇유 티 나이 크랍
	녀	สถานีตำรวจอยู่ที่ไหนคะ	싸타 니 땀루 엇유 티 나이 카
도와주세요!	남	ช่วยด้วย	추 어이 두 어이
	녀		
제 지갑을 소매 치기 당했어요.	남	ผมโดนล้วงกระเป๋าสตางค์ครับ	폼 돈 루 엉 끄라빠오 싸 땅 크랍
	녀	ดิฉันโดนล้วงกระเป๋าสตางค์ค่ะ	디찬 돈 루 엉 끄라빠오 싸 땅 카
지금 한국 대사관으로 연락해 주세요.	남	กรุณาช่วยติดต่อสถานทูตเกาหลีตอนนี้ครับ	까루나 추 어이 띳떠 싸탄 툿 까올리 떤 니 크랍
	녀	กรุณาช่วยติดต่อสถานทูตเกาหลีตอนนี้ค่ะ	까루나 추 어이 띳떠 싸탄 툿 까올리 떤 니 카

■ 교통수단에서

한국어	성별	태국어	발음
제가 지금 있는 곳이 어디예요?	남	ที่ผมอยู่ตอนนี้คือที่ไหนครับ	티 티 폼 유 떤 니 크 티 나이크랍
	녀	ที่ดิฉันอยู่ตอนนี้คือที่ไหนคะ	티 티 디찬 유 떤 니 크 티 나이카
공중화장실은 어디에 있어요?	남	ห้องน้ำสาธารณะอยู่ที่ไหนครับ	헝 남 싸 타 라나유 티나이 크
	녀	ห้องน้ำสาธารณะอยู่ที่ไหนคะ	헝 남 싸 타 라나유 티 나이 카
걸어서 얼마나 걸려요?	남	เดินไปใช้เวลาเท่าไหร่ครับ	든 빠이 차이 외 라 타오라이 크랍
	녀	เดินไปใช้เวลาเท่าไหร่คะ	든 빠이 차이 외 라 타오라이 카
여기에 세워 주세요.	남	ช่วยจอดที่นี่ครับ	추 어이 쩟 티 니 크랍
	녀	ช่วยจอดที่นี่คะ	추 어이 쩟 티 니카
지하철역은 어디 있습니까?	남	สถานีรถไฟใต้ดินอยู่ที่ไหนครับ	싸타 니 롯화이 따이 딘유 티 나이 크랍
	녀	สถานีรถไฟใต้ดินอยู่ที่ไหนคะ	싸타 니 롯화이 따이 딘유 티나이 카
요금이 어떻게 돼요?	남	ค่าตั๋วเท่าไหร่ครับ	카 뚜어타오라이 크랍
	녀	ค่าตั๋วเท่าไหร่ครับ	카 뚜 어타오라이 카

■ 태국 숫자

한국어	태국어	발음
일	หนึ่ง	능
이	สอง	썽
삼	สาม	쌈
사	สี่	씨
오	ห้า	하
육	หก	혹
칠	เจ็ด	쩻
팔	แปด	뺏
구	เก้า	까오
십	สิบ	씹
이십	ยี่สิบ	이 씹
삼십	สามสิบ	쌈 씹
사십	สี่สิบ	씨 씹
오십	ห้าสิบ	하 씹
육십	หกสิบ	혹씹
칠십	เจ็ดสิบ	쩻씹
팔십	แปดสิบ	뺏 씹
구십	เก้าสิบ	까오씹
백	หนึ่งร้อย	능러 이
천	หนึ่งพัน	능판
만	หนึ่งหมื่น	능믄

김경진

자칭 동남아 전문가로 세계여행 후 베트남, 태국, 말
레이시아에 정착하면서 그들과 같이 호흡했다. 배낭
하나 달랑 메고 자유롭게 여행하는 꿈을 가슴에 품
고 살았다. 반복된 일상에 삶의 돌파구가 간절히 필
요할 때, 이때가 아니면 언제 여행을 떠날 수 있을까
하는 마음에 느닷없이 떠났다.

남들처럼 여행하지 않고 다른 듯 같게 여행한다. 남
들보다 느릿느릿 여행하면서 남미를 11개월 동안 다
니면서 여행의 맛을 알았다. 그 이후 세월은 흘러 내
책을 갖기까지 오랜 시간이 걸렸지만, 덕분에 나의
책을 갖게 되었다.

조대현

63개국, 298개 도시 이상을 여행하면서 강의와 여
행 컨설팅, 잡지 등의 칼럼을 쓰고 있다. KBS 토크
콘서트 화통, MBC TV 특강 2회 출연(새로운 나를
찾아가는 여행, 자녀와 함께 하는 여행)과 꽃보다 청
춘 아이슬란드에 아이슬란드 링로드가 나오면서 인
기를 얻었고, 다양한 여행 강의로 인기를 높이고 있
으며 '트래블로그' 여행시리즈를 집필하고 있다. 저
서로 블라디보스토크, 크로아티아, 모로코, 나트랑,
푸꾸옥, 아이슬란드, 가고시마, 몰타, 오스트리아, 족
자카르타 등이 출간되었고 북유럽, 독일, 이탈리아
등이 발간될 예정이다.

폴라 http://naver.me/xPEdID2t

트래블로그

한달살기, 푸켓&끄라비

초판 1쇄 인쇄 | 2020년 10월 14일
초판 1쇄 발행 | 2020년 10월 17일

글 | 김경진, 조대현
사진 | 김경진
펴낸곳 | 나우출판사
편집 · 교정 | 박수미
디자인 | 서희정

주소 | 서울시 중랑구 용마산로 669
이메일 | nowpublisher@gmail.com

979-11-90486-63-7 (13980)

※ 일러두기 : 본 도서의 지명은 현지인의 발음에 의거하여 표기하였습니다.